大模型应用开发

RAG 入门与实战

陈明明 潘翔 戴弘毅 编著

U0382398

人民邮电出版社

北 京

图书在版编目（CIP）数据

大模型应用开发：RAG 入门与实战 / 陈明明，潘翔，戴弘毅编著. -- 北京：人民邮电出版社，2024.
ISBN 978-7-115-64893-8

Ⅰ．TP391

中国国家版本馆 CIP 数据核字第 2024N4A243 号

内 容 提 要

本书详细解析了 RAG（Retrieval-Augmented Generation，检索增强生成）技术及其应用，从文档的分块与向量化，到利用深度学习模型进行向量检索，再到结合 Prompt 技术以实现精准响应，每个知识点都有清晰的逻辑阐述与实践案例；同时，介绍了 PyTorch 编程基础与深度学习核心概念。此外，本书还涵盖了一系列实用技术，如 Web 可视化工具 Streamlit 与 Gradio 的使用，以及如何利用这些工具快速构建交互式界面，直观展示 RAG 技术的效果。最后，通过动手实现 PDF 阅读器的实例，读者能亲自体验从理论到实践的过程，加深对 RAG 技术的理解与掌握。

本书内容通俗易懂，适合对文档搜索和 RAG 应用感兴趣的读者阅读，也可以作为从事大语言模型相关工作的人员的参考书。

◆ 编　　著　陈明明　潘　翔　戴弘毅
责任编辑　张　涛
责任印制　王　郁　焦志炜

◆ 人民邮电出版社出版发行　　北京市丰台区成寿寺路 11 号
邮编 100164　　电子邮件 315@ptpress.com.cn
网址 https://www.ptpress.com.cn
涿州市京南印刷厂印刷

◆ 开本：700×1000　1/16
印张：16.25　　　　　　　　2024 年 10 月第 1 版
字数：325 千字　　　　　　　2024 年 10 月河北第 1 次印刷

定价：79.80 元

读者服务热线：(010)81055410　印装质量热线：(010)81055316
反盗版热线：(010)81055315
广告经营许可证：京东市监广登字 20170147 号

随着人工智能和自然语言处理技术的不断发展，大规模的文本数据已经成为企业和组织中非常重要的资源。然而，如何有效地搜索和利用这些数据仍然是一个巨大的挑战。传统的关键词搜索和统计语言模型，如语义搜索、问答和知识图谱构建等，已经无法满足更高级别的搜索需求。因此，基于 RAG 技术利用大语言模型进行文档搜索和处理成为一个非常有潜力的研究和应用领域。本书旨在为从事此领域相关工作的读者提供一个全面的指南，介绍如何利用大语言模型进行文档搜索，并结合实际案例进行说明，以便读者更好地理解和应用所学的知识。

组织结构

本书分为 9 章，介绍了 RAG 技术及其具体应用。无论你是初学者还是技术人员，都可以在这本书中找到有用的知识和技巧。

本书从人工智能和自然语言处理（Natural Language Processing，NLP）的广阔视野着手，勾勒出在大数据洪流中 NLP 面临的挑战与蕴藏的机遇；随后，聚焦基于 RAG 技术的大语言模型文档搜索，阐述其重要性、应用价值和实现原理；通过深入分析其工作原理，揭示 RAG 如何巧妙地融合检索与生成，从而在海量文档中精准定位所需信息，为用户提供前所未有的搜索技术。

接下来，带读者步入实践的殿堂，从 PyTorch 编程基础开始，逐步深入深度学习的核心知识。不仅介绍了 PyTorch 这一强大的深度学习框架的安装与环境配置、张量操作与自动微分等基本知识，还细致讲解了模型构建、数据加载与预处理、模型训练与评估和模型保存与加载等实战技术，确保读者能从理论到实践，全方位掌握深度学习的精髓。

深度学习基础这一章讲解了从感知机到多层感知机、卷积神经网络、循环神经网络，再到 Transformer、BERT 和 GPT 模型等知识，同时探讨了优化算法、正则化策略和防止过拟合的方法，为读者构建坚实的理论基石。自然语言处理基础部分，带领读者深入了解模型如何理解与处理文本，通过 ChatGPT 大语言模型的案例，展现了 NLP 的新进展。Web 可视化一章对 Streamlit 与 Gradio 的介绍，则为读者展示了如何将复杂的 NLP 模型直观地呈现给用户，使技术与人机交互更加友好。

之后，本书深入 RAG 技术的核心实践，详细介绍了文档分块与向量化技术，通过词袋、词嵌入及预训练模型的多种方法，展示了文本如何被有效转换为机器可理解的形式。紧接着介绍 RAG 向量检索技术，不仅定义了向量检索的概念，还深入讲解了多种计算方式，特别是介绍了 Locality Sensitive Hashing（LSH，局部敏感哈希）算法，为大规模文档检索提供解决方案。

RAG 中的 Prompt 技术一章，强调了指令设计的艺术，从特定指令到指令模板，再到代理模式与思维链提示，每一环节都旨在启发读者如何更有效地与大模型对话，激发其创造力。

最后，本书介绍了一个动手实现 PDF 阅读器的项目，旨在将之前的所有理论与技术融会贯通，让读者亲身感受 RAG 技术在实际应用中的魅力与价值。

本书特色

本书的特色主要体现在以下几个方面。

- 全面涵盖：本书系统介绍了利用大语言模型进行文档搜索的全过程，从文档提取到相似度搜索，涵盖了搜索流程中的关键环节，使读者能够全面了解和掌握文档搜索的核心技术。
- 深入剖析：本书针对文档搜索中的每个环节提供了深入的技术剖析和实践案例，帮助读者理解每个环节的原理、方法和应用场景，从而更好地应用于实际项目中。
- 融合前沿技术：本书不仅介绍了传统的文档搜索技术，还深入探讨了大语言模型问答等前沿技术在文档搜索中的应用，帮助读者了解和掌握新的文档搜索技术趋势。
- 通俗易懂：本书使用通俗易懂的表达方式进行讲解，避免使用过多的专业术语和复杂的数学推导，即使是初学者也能够轻松理解和运用其中的技术内容。

读者对象

本书适合对文档搜索和大语言模型感兴趣的读者阅读，包括但不限于以下几类群体。

- 搜索引擎工程师：对于从事搜索引擎相关工作的工程师，本书提供了丰富的文档搜索技术知识和实践经验，帮助他们更好地理解和应用搜索引擎技术，提升搜索引擎的运行效率和准确性。
- 自然语言处理研究者：对于研究自然语言处理的学者和工程师，本书提供了大语言模型在文档搜索中的应用案例和技术细节，有助于他们深入探究自然语言处理技术的前沿发展。
- 数据科学家和分析师：对于从事数据分析和挖掘工作的专业人士，本书介绍了文档搜索技术在信息提取和数据分析中的重要作用，为他们提供了解决实际问题的新思路和方法。

- **人工智能爱好者**：对于对人工智能领域感兴趣的读者，本书不仅提供了实用的文档搜索技术，还深入探讨了大语言模型的工作原理和应用场景，为他们拓展人工智能知识提供了参考。
- **文档管理从业者**：对于从事文档管理和信息检索工作的专业人士，本书提供了系统的文档搜索技术知识，帮助他们更好地理解和利用文档搜索技术，提高文档管理的效率和质量。

致谢

感谢我的家人和良师益友在本书编写过程中提供的大力支持！感谢提供宝贵意见和技术支持的同事！

由于笔者水平有限，且书中涉及知识较多，难免有不妥之处，笔者敬请读者批评指正。本书责任编辑联系邮箱为 zhangtao@ptpress.com.cn。

注：业界对大模型或大语言模型的称呼还不统一，所以，本书中提到的大模型或大语言模型是一个概念。

陈明明

目　录
CONTENTS

第 1 章

RAG 概述

1.1 人工智能和自然语言处理概述

1.1.1 人工智能的定义和发展历史

人工智能的概念最早可以追溯到古希腊时期。在那时代，古希腊哲学家们开始探讨思维、认知和知识的本质。例如，柏拉图在其著作《理想国》中提出了一个假设：如果一件椅子被毁坏了，我们是否可以重新建造一个完全相同的椅子？这个问题涉及模仿和复制人类智能的概念，为后来人工智能的发展奠定了基础。

然而，直到 20 世纪，人工智能的现代概念才开始形成。20 世纪 40 年代至 50 年代，计算机科学家们开始探索如何使计算机模拟人类智能。1943 年，沃伦·麦克卡锡（Warren McCullough）和沃尔特·皮茨（Walter Pitts）提出了一个理论模型，被认为是人工智能领域的奠基石之一，即"人工神经元模型"，这个模型揭示了神经元之间的信息传递方式。此后，图灵测试的提出以及首台数字电子计算机的诞生，为人工智能的发展提供了重要的推动力。

1956 年，达特茅斯会议（Dartmouth Conference）被认为是人工智能领域的诞生时刻。在这次会议上，约翰·麦卡锡（John McCarthy）、马文·明斯基（Marvin Minsky）、艾伦·纽厄尔（Allen Newell）和赫伯特·西蒙（Herbert Simon）等学者汇聚一堂，共同探讨了计算机可以如何模拟人类智能的问题，这标志着人工智能正式成为一个独立的学科领域。

20 世纪 60 年代至 20 世纪 70 年代初，人工智能研究受到巨大的关注，尤其是在专家系统和知识表示方面取得了一定进展。然而，随后的几十年里，人工智能的发展进展缓慢，被称为"人工智能的冬天"。直到 20 世纪末和 21 世纪初，随着计算能力的提升、数据的大量积累以及新的算法和技术的涌现，人工智能再次迎来了快速发展的时期。

总的来说，人工智能的起源可以追溯到古希腊时期的哲学探讨，但其现代概念的形成始于 20 世纪初期的计算机科学家们的努力，特别是在 20 世纪 50 年代的达特茅斯会议上，人工智能正式确立了其独立的学科地位。

1.1.2 自然语言处理的概念和基本任务

自然语言处理（Natural Language Processing，NLP）是人工智能领域的一个重要分支，旨在使计算机能够理解、解释和生成自然语言。随着信息时代的到来，人们与计算机之间的交互方式变得越来越重要，而自然语言是人类交流和表达思想的主要方式之一。因此，NLP 的发展对于实现人机交互、信息检索、文本分析、智能客服等应用具有重要意义。

自然语言处理的定义涵盖了对自然语言进行理解和生成的各个方面。通俗来讲，NLP 旨在让计算机能够像人类一样理解和处理自然语言。这意味着计算机可以识别语言中的词汇、语法结构、语义信息以及上下文关系，并根据这些信息进行相应的推理和处理。同时，NLP 也包括了让计算机能够生成自然语言文本的能力，从简单的模板填充到生成自然、流畅的语言。

在 NLP 的定义中，最核心的概念是"自然语言"，它指的是"自然地随人类文化演变"的语言，如英语、中文、西班牙语等。与自然语言相对应的是"人工语言"，它是由人类特意设计和创造的语言，如编程语言、标志性语言等。自然语言具有复杂性、多样性和模糊性等特点，这为 NLP 的研究和应用带来了挑战。

除了理解和生成自然语言，NLP 的定义还包括了对自然语言进行各种形式的处理和分析。这包括了文本处理（Text Processing）、语言理解（Language Understanding）、语言生成（Language Generation）、信息检索（Information Retrieval）、语言翻译（Machine Translation）等任务。通过这些任务，NLP 可以实现从简单的文本处理到复杂的语义分析，为人类语言的应用和发展提供技术支持。为了实现人工智能这一目标，NLP 涉及多种基本任务，这些任务可以被视为构成 NLP 技术栈的基石。在本小节中，我们将探讨自然语言处理的如下一些基本任务：

（1）分词（Tokenization）：分词是将自然语言文本分割成词语或标记的过程。在英文中，词与词之间通常由空格或标点符号分隔，但在某些语言或特定领域，这种规则并不适用。因此，分词任务的目标是确定文本中的单词边界，为后续处理提供基础。分词对于语言理解、文本分类、信息检索等任务至关重要。

（2）词性标注（Part-of-Speech Tagging）：词性标注是为文本中的每个单词或词组确定其在上下文中的语法角色或词性。词性标注通常使用标签集合来表示不同的词性，如名词、动词、形容词等。这个任务的目标是帮助理解句子的语法结构，从而支持诸如句法分析、语义分析等高级任务。

（3）命名实体识别（Named Entity Recognition，NER）：命名实体识别是识别文本中具有特定意义的实体，如人名、地名、组织机构名等。NER 任务通常涉及对文本进行实体分类和定位，这对于信息提取、知识图谱构建等应用至关重要。

（4）句法分析（Syntactic Parsing）：句法分析是分析句子结构的过程，通常以树形结构表示句子的语法成分和关系。句法分析可以帮助理解句子的语法结构，从而支持自然语言理解和语义分析等任务。

（5）语义分析（Semantic Analysis）：语义分析是理解文本含义的过程，通常涉及识别词语、短语和句子之间的语义关系。语义分析可以帮助计算机理解文本的真实含义，从而支持问答系统、机器翻译等应用。

（6）文本分类（Text Classification）：文本分类是将文本分到预定义类别的过程。这个任务通常涉及对文本进行特征提取和模型训练，以实现对文本的自动分类，如垃圾邮件过滤、情感分析等。

（7）信息抽取（Information Extraction）：信息抽取是从文本中抽取结构化信息的过程，通常涉及识别和提取文本中的实体、关系和事件等。信息抽取可以帮助实现从大规模文本中提取有用信息的自动化过程，如新闻摘要、知识图谱构建等。

总的来说，自然语言处理是一门综合性的学科，涉及语言学、计算机科学、数学、统计学等多个领域的知识和技术。它的定义不仅包括了对自然语言的理解和生成，还包括了对自然语言进行各种形式的处理和分析。随着人工智能技术的不断发展和进步，NLP 将继续发挥重要作用，为人机交互、信息检索、文本分析等领域带来更多的创新和应用。

1.2 自然语言处理在大数据时代的挑战与机遇

1.2.1 大数据时代对自然语言处理的影响

在大数据时代，数据的产生速度呈现出爆炸式增长的趋势，这对自然语言处理（NLP）领域提出了全新的挑战和机遇。了解大数据时代的特点对于理解 NLP 面临的挑战以及未来的发展趋势至关重要。目前，我们所属的大数据时代存在如下的特点。

（1）数据量巨大：大数据时代的最显著特点之一就是数据量的巨大增加。随着互联网的普及和各种信息技术的发展，大量的数据源源不断地产生，如社交媒体数据、网络文章、传感器数据等。这些数据以前所未有的速度和规模不断积累，形成了庞大的数据海洋。

（2）多样性和复杂性：大数据时代的数据不仅量大，而且种类繁多、形式多样。数据的来源涉及文本、图像、音频、视频等多种形式，且数据之间存在着复杂的关联和联系。这种多样性和复杂性给数据的处理和分析带来了极大的挑战。

（3）实时性要求：随着互联网的发展，人们对数据处理和分析的实时性要求也越来越高。在大数据时代，数据的产生和流动是持续不断的，因此需要及时地对数据进行采集、处理和分析，以便及时地获取有用信息并做出决策。

（4）不确定性和噪声：大数据时代的数据往往伴随着不确定性和噪声。由于数据的来源多样化和复杂化，数据质量参差不齐，其中可能存在着大量的噪声和无用信息。因此，在处理大数据时需要考虑如何处理这些噪声和不确定性，以提高数据的质量和可靠性。

（5）隐私和安全性：随着个人信息的大规模采集和使用，数据隐私和安全性成为了大数据时代面临的重要问题。在处理大数据时，需要制定严格的数据保护和安全措施，以保护用户的隐私和数据安全。

在大数据时代，尽管自然语言处理（NLP）技术得到了迅猛发展，但同时也面临着一系列挑战。这些挑战不仅来自数据本身的规模和复杂性，还涉及算法、模型和应用等方面。比如我们总结的如下挑战。

（1）数据量和多样性：大数据时代的数据量巨大且多样化，这给 NLP 带来了挑战。传统的 NLP 方法可能无法有效处理如此大规模和多样化的数据，需要开发新的算法和模型来适应不同类型和形式的数据。

（2）语义理解和推理：虽然深度学习等技术在语言建模和语义理解方面取得了巨大进展，但真正实现对自然语言的深层理解和推理仍然是一个挑战。尤其是在处理复杂的逻辑推理、常识推理和语义理解等任务时，仍然存在诸多挑战和困难。

（3）实时性和效率：在大数据时代，处理大规模数据需要更高的实时性和效率。传统的 NLP 方法可能无法满足这种要求，需要开发更快速、更高效的算法和模型来处理大规模数据，以实现实时分析和响应。

（4）数据隐私和安全性：随着个人信息被大规模采集和使用，数据隐私和安全性成为了 NLP 面临的重要挑战。在处理大规模数据时，需要制定严格的数据保护和安全措施，以保护用户的隐私和数据安全。

（5）模型泛化能力：训练深度学习模型需要大量的标注数据，但这些数据往往不够充分和代表性，导致模型的泛化能力受到限制。如何提高模型的泛化能力，使其在不同领域和语境下都能有效工作，这是一个重要的挑战。

（6）领域适应性：自然语言处理任务涉及多个领域和行业，不同领域的数据和应用场景可能存在着差异。因此，如何使 NLP 技术更好地适应不同领域的需求，是一个需要解决的挑战。

综上所述，自然语言处理在大数据时代面临着诸多挑战，包括数据量和多样性、语义理解和推理、实时性和效率、数据隐私和安全性、模型泛化能力以及领域适应性等方面。面对这些挑战，需要不断地开展研究和创新，探索新的算法和模型，以应对大数据时代带来的挑战。

1.2.2 大数据时代的自然语言处理技术发展趋势

随着大数据时代的到来，深度学习在自然语言处理（NLP）领域的应用得到了极大的推动和发展。深度学习作为一种基于神经网络的机器学习方法，在处理复杂的自然语言数据和任务时展现出了强大的能力，为 NLP 技术的进步带来了新的机遇。

深度学习在 NLP 中的应用涵盖了各个领域和任务，包括但不限于文本分类、情感分析、命名实体识别、机器翻译、问答系统等。以下是深度学习在 NLP 中的一些主要应用。

（1）词嵌入（Word Embeddings）：词嵌入是深度学习在 NLP 中的一个重要技术，它将文本中的单词映射到连续的低维向量空间中，从而捕捉单词之间的语义关系和上下文信息。Word2Vec、GloVe 和 FastText 等词嵌入模型被广泛应用于文本表示和语义理解任务。

（2）循环神经网络（Recurrent Neural Networks，RNNs）：RNNs 是一种特殊的神经网络结构，可以处理序列数据和变长输入。在 NLP 中，RNNs 常用于处理序列标注、语言建模和机器翻译等任务，其中长短期记忆网络（Long Short-Term Memory，LSTM）和门控循环单元（Gated Recurrent Unit，GRU）是常用的 RNNs 变体。

（3）卷积神经网络（Convolutional Neural Networks，CNNs）：CNNs 是一种适用于处理图像数据的神经网络结构，但也被成功应用于文本分类、情感分析和命名实体识别等 NLP 任务。通过卷积操作和池化操作，CNNs 可以有效地捕捉文本中的局部特征和全局关系。

（4）注意力机制（Attention Mechanism）：注意力机制是一种用于动态调整模型对不同部分输入的关注程度的机制，在 NLP 中得到了广泛应用。通过引入注意力机制，模型可以根据输入的不同部分自适应地调整权重，从而更好地捕捉上下文信息和语义关系。

（5）预训练模型（Pretrained Models）：预训练模型是指在大规模文本数据上预先训练好的神经网络模型，如 BERT（Bidirectional Encoder Representations from Transformers）、GPT（Generative Pretrained Transformer）等。这些预训练模型通过大规模无监督学习，在通用自然语言处理任务上取得了巨大的成功，并成为了当前 NLP 领域的主流技术之一。

总的来说，深度学习在自然语言处理中的应用为 NLP 技术的发展带来了新的机遇和挑战。在大数据时代，随着深度学习技术的发展和大规模数据集的积累，预训练模型成为了自然语言处理领域的一种重要技术趋势。预训练模型是指在大规模无监督数据上进行预训练的神经网络模型，通过学习文本的统计特征和语义信息，为各种自然语言处理任务提供了强大的基础模型。因此，我们将探讨预训练模型的兴起背景、原理以及在 NLP 领域的应用情况。

预训练模型的兴起得益于两个主要因素：一是大规模文本数据的可用性，二是深度学习技术的进步。随着互联网的普及和各种应用的发展，大量的文本数据被产生并积累起来，为模型的预训练提供了充足的数据基础。同时，深度学习技术的发展使神经网络模型可以更好地处理大规模数据，从而提高了预训练模型的效果和性能。

预训练模型的基本原理是通过在大规模文本数据上进行无监督学习，训练出一个通用的语言模型。这个语言模型可以通过学习文本中的上下文关系和语义信息，自动抽取出文本的表示形式，从而具有一定程度的语言理解能力。在预训练阶段，模型通常采用自监督学习或掩码语言模型（Masked Language Model，MLM）等方法，通过预测缺失的词或句子来学习文本的表示。一旦预训练完成，这个语言模型可以被微调或用作特征提取器，应用于各种 NLP 任务中。

预训练模型在自然语言处理领域的应用已经取得了显著的成果，受到了广泛关注和认可。其中，BERT、GPT、RoBERTa（Robustly optimized BERT approach）、ALBERT（A Lite BERT）等预训练模型成为了当前 NLP 领域的热门模型，被广泛应用于各种文本处理和理解任务。在文本分类、情感分析、命名实体识别、机器翻译等传统 NLP 任务中，预训练模型通过微调或迁移学习的方式，取得了比传统方法更好的效果。此外，预训练模型还为一些新兴的 NLP 任务和应用提供了新的思路和方法，如问答系统、文本生成、对话系统等。

预训练模型的兴起也促进了 NLP 技术的快速发展和应用拓展。由于预训练模型可以学习到更丰富和更深层次的语言表示，因此，它可以在更广泛的语境下进行应用，为 NLP 技术的进步和创新提供了新的契机和可能性。预训练模型的兴起标志着自然语言处理技术进入了一个新的阶段，在大数据时代的背景下，预训练模型为 NLP 领域的发展带来了新的机遇和挑战。随着预训练模型技术的不断发展和完善，相信它将在未来继续发挥重要作用，并推动自然语言处理技术的不断进步。

1.3 基于RAG的大模型文档搜索概述

1.3.1 RAG模型的含义和基本原理

在大规模文档搜索领域，RAG（Retrieval-Augmented Generation，检索增强生成）模型是一种重要的基于深度学习的搜索架构，旨在解决传统信息检索方法的局限性，并提供更加准确和高效的文档检索和生成功能。本小节将对 RAG 模型的概述和基本原理进行详细介绍。

RAG 模型是一种端到端的文档检索和生成框架，由 3 个核心组件组成：Retriever、Generator 和 Ranker。这 3 个组件（模块）共同协作，实现从候选文档集合中检索出与查询相关的文档，然后根据这些文档生成与查询相关的文本摘要或答案，并最终对生成的文本进行排序和评分，以确定最终输出的文档顺序。

RAG 模型的基本原理是利用深度学习技术对文档进行表示和建模，从而实现文档检索和生成的端到端处理。具体来说，各个组件的基本原理如下。

（1）Retriever：Retriever 是 RAG 模型的第一阶段，负责从候选文档集合中检索出与查询相关的文档。它可以利用各种检索技术和算法，如基于关键词匹配、语义相似度等，来快速地过滤出潜在相关的文档。Retriever 的目标是尽可能地减少搜索空间，从而提高后续生成和排名阶段的效率和准确性。

（2）Generator：Generator 是 RAG 模型的第二阶段，负责根据检索到的候选文档生成与查询相关的摘要或答案。它通常采用生成式模型，如语言模型或生成对抗网络（GAN），以自然语言的形式生成文本。Generator 的目标是生成质量高、内容丰富、与查询相关的文本摘要，以满足用户的信息需求。它与 Retriever 之间存在着一种串行的关系。首先，Retriever 根据用户的查询从文档集合中检索出潜在相关的文档，然后将这些文档作为输入传递给 Generator。Generator 根据这些文档生成与查询相关的文本摘要或答案，并将其返回给用户。因此，Retriever 和 Generator 之间的"合作"是实现文档搜索和生成的关键。

（3）Ranker：Ranker 是 RAG 模型的最后一阶段，负责对生成的文本进行排序和评分，以确定最终输出的文档顺序。它可以利用各种排名算法，如机器学习、深度学习等，来对文档进行评分和排序。Ranker 的目标是将最相关和高质量的文档排在前面，给用户更好的搜索体验。它与 Generator 之间存在着一种并行的关系。一方面，Generator 负责生成文本摘要或答案；另一方面，Ranker 负责对生成的文本进行排序和评分。Ranker 可以根据文本的内容、相关性和质量等方面对文档进行评分，并将评分结果返回给用户。因此，Generator 和 Ranker 之间的"合作"是实现搜索结果排序和优化的关键。

RAG 模型实现了文档检索和生成的端到端处理，无须依赖外部系统或工具，简化了整个流程，并提高了系统的效率和性能。并且，RAG 模型采用了多阶段的处理流程，分别由 Retriever、Generator 和 Ranker 三个组件负责，使每个阶段的任务更加明确和专一，有利于模型的优化和调试。每个组件都可以根据具体的需求和场景进行定制和扩展，从而适应不同的应用场景和任务要求，具有较高的灵活性和可扩展性。

综上所述，RAG 模型作为一种端到端的文档检索和生成框架，通过多阶段处理和深度学习技术的应用，实现了高效、准确和灵活的文档搜索和生成功能，具有广泛的应用前景和重要的实用价值。

1.3.2　大模型文档搜索在信息检索领域的重要性

RAG 模型作为一种基于深度学习的大模型文档搜索框架，在信息检索领域发挥着重要的作用。从用户体验的角度来说，我们可以将其优势归纳为以下几点。

（1）提高搜索准确性和相关性：RAG 模型能够充分利用深度学习技术对文档进行表示和建模，从而提高了搜索结果的准确性和相关性。通过 Retriever 组件从候选文档中检索出与查询相关的文档，Generator 组件根据这些文档生成与查询相关的文本摘要，最后 Ranker 组件对生成的文本进行排序和评分，将最相关和高质量的文档排在前面。这种端到端的处理流程使 RAG 模型能够在搜索过程中充分考虑文档的语义信息和上下文关系，提供更加准确和相关的搜索结果。

（2）支持多样化的搜索需求：RAG 模型能够支持多样化的搜索需求，包括文档检索、问题回答、摘要生成等。通过 Retriever 组件能够实现从候选文档中检索出与查询相关的文档，Generator 组件能够根据用户的查询生成与之相关的文本摘要，从而满足用户多样化的搜索需求。无论是简单的关键词检索还是复杂的自然语言问答，RAG 模型都能够提供高质量和个性化的搜索结果，满足用户的信息需求。

（3）支持多语言和多媒体搜索：RAG 模型能够支持多语言和多媒体搜索，包括文本、图片、音频、视频等多种形式的信息。通过 Retriever 组件能够检索出不同语言和不同媒体类型的相关文档，Generator 组件能够根据检索到的文档生成与查询相关的文本摘要，并支持多语言翻译和多媒体内容理解。这种多语言和多媒体搜索能力使 RAG 模型有广泛的应用前景和重要的实用价值。

（4）提升用户搜索体验：RAG 模型能够根据用户的查询和历史搜索记录，提供个性化的搜索服务，从而提升了用户的搜索体验。通过学习用户的搜索习惯和偏好，RAG 模型能够为用户推荐更加相关和个性化的搜索结果，降低了用户搜索的时间成本和认知负荷，提高了用户的搜索效率和满意度。

1.4　基于RAG的大模型文档搜索的工作原理

1.4.1　Retriever模块的工作原理

Retriever 模块作为 RAG 模型的核心组件之一，负责从大规模文档库中检索出与用户查询相关的候选文档。在 RAG 模型中，Retriever 模块扮演着起始点的角色，它的工作直接影响着后续 Generator 和 Ranker 模块的输入数据质量，因此其重要性不言而喻。

具体而言，Retriever 模块需要完成以下几个功能。

（1）检索候选文档：根据用户的查询，从文档库中检索出与查询相关的候选文档集合。这个过程通常涉及文档的全文索引和检索技术，以确保能够尽可能地覆盖用户查询的语义信息。

（2）过滤无关文档：从检索到的候选文档集合中过滤掉与查询无关的文档，以提高后续处理的效率和准确性。这个过程通常需要依赖文档和查询之间的语义匹配和相似度计算。

（3）提取关键信息：从检索到的候选文档中提取出与查询相关的关键信息，以便后续 Generator 模块生成摘要或回答用户问题。这个过程通常涉及文本摘要和信息提取技术，以确保生成的摘要具有高质量和准确性。

Retriever 模块的实现方法和算法多种多样，常见的包括基于倒排索引、基于向量检索和基于深度学习的方法等。以下是一些常见的 Retriever 模块实现方法和算法。

（1）基于倒排索引：倒排索引是一种常用的文本检索技术，通过将文档中的单词映射到出现该单词的文档列表，实现了快速的文本检索功能。在 Retriever 模块中，可以利用倒排索引来实现文档的快速检索和过滤，提高了检索效率和准确性。

（2）基于向量检索：向量检索是一种基于文本向量表示的检索技术，通过计算查询向量与文档向量之间的相似度，实现了文本的检索功能。在 Retriever 模块中，可以利用向量检索技术来实现文档的语义匹配和相似度计算，提高了检索的准确性和效率。

（3）基于深度学习的方法：近年来，随着深度学习技术的发展，越来越多的研究者开始尝试利用深度学习技术来实现 Retriever 模块。例如，可以利用预训练的语言模型和文本匹配模型来实现文档的语义表示和相似度计算，从而提高了检索的准确性和效率。

Retriever 模块作为 RAG 模型的重要组成部分，在信息检索中起着关键的作用。通过实现快速高效的文档检索和过滤，提取与查询相关的关键信息，Retriever 模块为后续的文本生成和排名提供了高质量的输入数据，从而实现了端到端的文档搜索功能。

1.4.2　Generator模块的工作原理

Generator 模块主要任务是根据检索到的候选文档生成用户所需的文本摘要或回答。Generator 模块的工作原理涉及文本生成技术和自然语言处理模型的应用，以下是 Generator 模块的主要任务和功能的介绍。

（1）文本生成：Generator 模块的首要任务是根据检索到的候选文档生成用户所需的文本摘要或回答。这个过程涉及从文档中抽取关键信息、理解用户意图以及合成自然流畅的文本。生成的文本摘要或回答需要简明扼要地概括文档内容，并且能够满足用户的查询需求。

（2）语义理解：Generator 模块需要对检索到的候选文档进行语义理解，以确保生成的文本摘要或回答能够准确反映文档的内容和意义。这个过程通常涉及自然语言理解技术，例如，命名实体识别、语义角色标注、关系抽取等。通过语义理解，Generator 模块能够更好地把握文档的语义信息，并将其转化为用户可理解的文本形式。

（3）信息提取：Generator 模块需要从检索到的候选文档中提取出与用户查询相关的关键信息，以确保生成的文本摘要或回答能够满足用户的需求和期望。这个过程通常涉及信息提取技术，例如，实体抽取、事件抽取、关键词抽取等。通过信息提取，Generator 模块能够从海量文档中筛选出与用户查询相关的内容，为文本生成提供重要支撑。

（4）内容编辑与修饰：Generator 模块在生成文本摘要或回答的过程中，可能需要进行一定程度的内容编辑与修饰，以确保生成的文本流畅，并且能够吸引用户的注意力。这个过程通常涉及内容的删减、扩展、重新排列、添加修饰性语言等操作，以使生成的文本更具可读性和吸引力。

（5）结果优化与评估：Generator 模块需要对生成的文本摘要或回答进行优化和评估，以确保生成的文本质量和准确性。这个过程通常涉及自动化评估指标的计算（如 BLEU、ROUGE 等）、人工评估以及反馈机制的建立，以不断优化 Generator 模块的性能和效果。

Generator 模块是 RAG 模型的核心组件之一，其实现方法和算法对于系统的性能和效果至关重要。Generator 模块的实现涉及文本生成技术和自然语言处理模型的应用，一般我们会有如下几种实现方法。

1. 基于预训练语言模型的方法

基于预训练语言模型的方法是当前 Generator 模块应用最为广泛和有效的方法之一。该方法利用预训练的大型语言模型（如 GPT、BERT 等）来实现文本生成功能，具有良好的生成效果和较高的可用性。

实现步骤如下。

- 模型加载与微调：首先，加载预训练的语言模型，如 GPT-3 或 BERT。然后，根据实际需求对模型进行微调，以适应特定的文本生成任务。微调的目标是通过大量的文本数据，使语言模型学习到与搜索相关的语义和文本特征。

- 输入编码：将用户的查询和检索到的候选文档进行编码，生成模型可接受的输入格式。通常采用词嵌入或位置编码的方式将文本序列转换为模型可接受的向量表示。

- 文本生成：将编码后的查询和候选文档输入到语言模型中，调用生成接口生成文本摘要或回答。语言模型会根据输入的上下文信息和模型参数生成相应的文本内容。

- 输出解码：获取语言模型生成的文本序列，并将其解码为可读性强、符合语法规则的自然语言文本。解码过程通常涉及词汇表的映射和语言模型的自动解码算法。

这种方法的优势主要体现在：灵活性强，生成效果好和易于部署。

2. 基于规则和模板的方法

除了基于预训练语言模型的方法，还可以采用基于规则和模板的方法来实现 Generator 模块。这种方法通常通过人工编写规则和模板来生成文本摘要或回答，具有一定的可控性和灵活性。

实现步骤如下。

- 规则定义：首先，根据文档的特点和用户需求，设计和定义生成文本的规则和模板。这些规则和模板可以包括语法结构、文本逻辑、关键词替换等内容。

■ 模板填充：将检索到的候选文档中的相关信息填充到事先定义好的文本模板中，生成最终的文本摘要或回答。填充过程通常涉及文本处理和替换操作，以确保生成的文本符合预期的格式和要求。

这种方法的优势主要体现在：可控性强，定制化程度高和资源消耗低。

3. 混合方法

在实际应用中，通常会采用基于预训练语言模型和基于规则模板的混合方法来实现 Generator 模块。这种方法综合了两种方法的优势，既能够利用语言模型的强大生成能力，又能够借助规则和模板进行定制化生成，从而实现更加灵活、准确和高效的文本生成。

1.4.3　Ranker模块的工作原理

Ranker 模块是 RAG 的关键组件之一，其主要任务是对从 Retriever 模块获取的候选文档进行排序，以提供最相关的文档作为 Generator 模块的输入。接下来我们将详细介绍 Ranker 模块的任务和功能，以及常用的实现方法和算法。

Ranker 模块的主要任务是对从 Retriever 模块检索到的候选文档进行排序，以便将最相关和最有用的文档排在前面，最不相关的文档排在后面。具体来说，Ranker 模块需要完成以下任务。

（1）文档排序：根据与用户查询的相关程度，对候选文档进行排序，使最相关的文档在搜索结果中排名靠前，从而提高用户的搜索效果和满意度。

（2）相关性评估：对每个候选文档进行相关性评估，评估文档与查询之间的语义相似度、关键词匹配程度等因素，以确定文档的相关性得分。

（3）多因素考虑：考虑多种因素对文档相关性的影响，如文档的内容质量、发布时间、作者权威性等，综合考虑这些因素对文档排序的影响。

（4）实时更新：针对用户的实时查询，动态地对候选文档进行排序，确保搜索结果能够及时反映用户的需求和意图。

为了实现上述任务，Ranker 模块需要具备以下功能。

（1）文档特征提取：从候选文档中提取相关特征，如文档内容、关键词、文档长度等，作为文档相关性评估的依据。

（2）相关性评估：基于提取的文档特征，对文档进行相关性评估，计算文档与查询之间的语义相似度和关键词匹配程度，给出相应的相关性得分。

（3）排序算法实现：实现基于相关性得分的排序算法，将文档按照相关性得分进行排序，使最相关的文档排在前面。

（4）模型训练与更新：可以通过机器学习或深度学习算法训练排序模型，根据历史数据学习文档的排序规则，并实时更新模型以适应用户的查询变化。

（5）结果反馈与优化：根据用户的搜索行为和反馈信息，不断优化排序算法和模型，提高搜索结果的质量和用户满意度。

Ranker 模块的实现方法和算法多种多样，常用的包括如下。

（1）基于特征的排序模型：使用机器学习算法构建排序模型，根据文档和查询之间的特征，如 TF-IDF、BM25 等，以及文档的其他特征（如文档长度、关键词密度等），训练排序模型来预测文档的相关性得分，进而对文档进行排序。

（2）基于神经网络的排序模型：使用深度学习算法构建排序模型，将文档和查询表示为向量形式，并通过神经网络模型学习文档与查询之间的语义相似度，以预测文档的相关性得分。

（3）学习到排名算法（Learning to Rank）：这是一类专门用于信息检索领域的排序算法，通过机器学习算法学习文档的排序规则，根据文档和查询之间的特征，学习到一个最优的排序函数，以对文档进行排序。

（4）集成学习方法：将多个排序模型的结果进行集成，通过加权平均等方式得到最终的文档排序结果，提高排序的准确性和鲁棒性。

1.5 基于RAG的大模型文档搜索的优势和应用场景

1.5.1 优势

在基于 RAG 的大模型文档搜索中，RAG 模型具有许多显著的优势，这些优势使它成为当前信息检索领域的热门选择。以下是 RAG 模型的主要优势。

1. 高效性：RAG模型在信息检索中的快速响应能力

RAG 模型作为一种新兴的大模型文档搜索方法，在信息检索中展现出了出色的快速响应能力，这主要得益于其深度学习模型的设计和优化。以下是 RAG 模型在信息检索中的高效性所体现的几个关键方面。

■ 高效的文档检索过程

RAG 模型利用其 Retriever 模块快速筛选出与查询相关的文档，这一过程通常可以在几毫秒内完成。Retriever 模块采用高效的索引和检索算法，能够快速地从海量文档中定位并提取出潜在相关的候选文档，从而加速了整个文档搜索的过程。

■ 并行处理和优化算法

RAG 模型利用了并行处理的优势，在检索和生成的过程中能够同时处理多个查询请求，提高了系统的并发处理能力。此外，RAG 模型还采用了一系列优化算法，如基于近似匹配的候选文档筛选、基于特征向量的文档排序等，进一步提升了检索的效率和速度。

■ 模型压缩和轻量化设计

为了提高模型的响应速度和效率，研究人员还对 RAG 模型进行了模型压缩和轻量化设计。他们采用了一系列技术，如模型剪枝、量化和蒸馏等，将原本庞大的模型压缩成适合在端设备上部署的轻量级模型，从而使 RAG 模型能够在移动设备和边缘计算平台上高效运行，实现更快的响应和更低的延迟。

■ 实时交互性能

由于 RAG 模型的高效性，它在实时交互式应用中表现出色。无论是搜索引擎、聊天机器人还是智能助手，RAG 模型都能够在用户输入查询后迅速给出相应的回复或建议，实现了真正意义上的实时交互体验。

■ 算法与硬件优化

除了模型本身的优化，RAG 模型的高效性还得益于算法与硬件的良好协作。近年来，随着硬件技术的发展，如 GPU、TPU 等高性能计算设备的普及和提升，以及与之配套的深度学习算法的不断优化，RAG 模型在信息检索中的快速响应能力得到了进一步提升。

2. 灵活性：RAG模型适应不同的场景

RAG 模型在不同应用场景中展现出灵活性和适应性。这种灵活性主要体现在以下几个方面。

■ 多领域适应性

RAG 模型具有较强的泛化能力，能够适应不同领域的文档搜索需求。无论是医学、金融、法律还是科技等领域，RAG 模型都能够根据不同的数据和查询情境进行学习和适应，从而在各个领域中展现出良好的搜索效果。

■ 多语言支持

RAG 模型在设计时考虑到了多语言的特点，能够处理多种语言的文档和查询。这使 RAG 模型可以应用于全球范围内的不同语言环境，满足各种用户的文档搜索需求，具有较高的通用性和适用性。

■ 可定制化配置

RAG 模型的各个组成部分可以根据具体应用场景进行定制化配置。用户可以根据自身需求对 Retriever、Generator 和 Ranker 模块进行调整和优化，以适配特定的业务场景和数据特征，从而提高搜索效果和性能。

■ 支持多种输入格式

RAG 模型不仅支持文本输入，还能够处理多种输入格式，如图像、音频、视频等。这使 RAG 模型在多媒体内容的检索和分析方面也具备了一定的灵活性，能够满足用户对多样化信息的需求。

■ 可扩展性

RAG 模型具有良好的可扩展性，能够通过增加训练数据、调整模型参数等方式不断优化和提升性能。同时，RAG 模型还可以与其他技术和方法相结合，如增强学习、迁移学习等，进一步扩展其在不同场景下的应用范围。

■ 实时性和动态性

RAG 模型能够实时地响应用户的查询，并根据新的数据和信息动态调整搜索结果，保持搜索结果的实时性和准确性。这种实时性和动态性使 RAG 模型适用于需要及时更新和动态调整的应用场景，如新闻报道、社交媒体分析等。

3. 准确性：RAG模型在文档搜索中的高准确率

RAG 模型以其优秀的设计和强大的学习能力，在文档搜索领域展现出了高准确率的特点。这种准确性主要体现在以下几个方面。

■ 综合考虑全局信息

RAG 模型通过 Retriever 模块从大规模文档库中检索相关文档，然后通过 Generator 模块生成候选答案，最后通过 Ranker 模块对答案进行排序和过滤。这一端到端的搜索过程能够综合考虑查询信息、候选文档内容以及答案质量等多方面因素，从而提高了搜索结果的准确性。

■ 多模型融合

RAG 模型采用了多模型融合的策略，将 Retriever、Generator 和 Ranker 模块结合起来，共同完成文档搜索任务。每个模块都针对特定的子任务进行优化，通过相互协作，不断提升搜索结果的准确性。

■ 预训练模型的强大性能

RAG 模型基于大规模预训练的语言模型，如 BERT、GPT 等，这些模型在大规模语料上进行了深度学习，具备了强大的语义理解和生成能力。在文档搜索任务中，RAG 模型可以利用这些预训练模型学到的语言表示来提取文档和查询的语义信息，从而提高了搜索结果的准确性。

■ 上下文感知的搜索过程

RAG 模型在搜索过程中能够充分利用上下文信息，包括查询的上下文信息和文档的上下文信息，从而更好地理解查询的意图和文档的内容。这种上下文感知能力使 RAG 模型能够生成更加贴合用户需求的搜索结果，提高了搜索的准确性和用户满意度。

■ 持续优化和更新

RAG 模型在实际应用中会不断接收用户的反馈信息，并根据反馈信息对模型进行持续优化和更新。通过不断迭代和改进，RAG 模型能够不断提高搜索结果的准确性，逐步适应用户的需求和搜索环境的变化。

1.5.2 应用场景

RAG 模型作为一种强大的大模型文档搜索方法，在多个领域都有着广泛的应用场景。下面将介绍 RAG 模型在企业知识管理系统、在线问答系统和情报检索系统等方面的具体应用场景，并分析其优势和作用。

1. 企业知识管理系统中的应用

企业知识管理系统是现代企业管理中的重要组成部分，它旨在有效地收集、存储、共享和利用企业内部的知识资产，以提高组织的创新能力、竞争力和绩效水平。RAG 模型作为一种强大的大模型文档搜索方法，可以为企业知识管理系统带来许多优势和提升解决业务需求的能力。

■ 智能化知识检索与共享

企业知识管理系统需要能够快速、准确地检索和获取内部的各类知识信息，以满足员工在工作中的需求。RAG 模型可以通过检索和生成相关文档，为员工提供所需的知识信息，实现智能化的知识检索和共享。例如，员工可以通过输入关键词或提出问题的方式，从企业知识库中检索到相关的政策、流程、手册等知识文档，并且可以根据个人的权限和偏好进行定制化的检索和推荐。

■ 智能问答与问题解决

在企业日常运营中，员工经常会遇到各种问题和疑问，例如，关于操作流程、产品规格、客户信息等方面的问题。RAG 模型可以构建智能问答系统，根据员工提出的问题自动生成相关的答案，帮助员工解决问题。与传统的知识库相比，智能问答系统能够更加灵活地适应员工的需求，并且能够不断学习和优化答案，提高解决问题的效率和准确率。

■ 知识图谱构建与智能推荐

企业知识管理系统需要能够将各类知识信息组织成结构化的知识图谱，以便员工更好地理解和利用知识。RAG 模型可以通过分析和抽取大量的知识文档，构建企业内部的知识图谱，包括知识实体、关系和属性等。基于知识图谱，企业知识管理系统可以实现智能化的推荐功能，根据员工的工作内容和兴趣推荐相关的知识文档和学习资源，提高知识的利用效率和质量。

■ 情报分析与决策支持

企业知识管理系统还可以结合 RAG 模型进行情报分析和决策支持，帮助企业管理者更好地理解市场动态、行业趋势和竞争对手等信息，从而制定更加有效的战略和决策。RAG 模型可以从外部环境和内部数据中提取有价值的情报信息，为决策者提供数据支持和智能化建议，帮助企业实现创新和持续发展。

2. 在线问答系统中的应用

在线问答系统是一种基于人工智能和自然语言处理技术的应用程序，旨在通过自动回答用户提出的问题来实现信息的检索和传递。这些系统可以帮助用户快速获取所需信息，解决问题，并且可以随时随地提供服务，因此在各种场景下都有广泛的应用，尤其是在企业内部、客户服务、教育等领域。

■ 自动问答与客户服务

在线问答系统在客户服务中的应用是其中一个重要的方面。企业可以利用这些系统为客户提供实时的、个性化的服务，解决客户的问题和疑虑。RAG 模型作为大模型文档搜索的一种方法，可以在问答系统中发挥重要作用。它可以通过分析用户提出的问题，从企业知识库中检索相关的信息，然后生成针对性的回答。这样的系统不仅可以帮助企业提高客户满意度，还可以降低客服人员的工作负担，提高工作效率。

■ 内部知识分享与协作

除了外部客户服务，在线问答系统也在企业内部的知识分享和协作中发挥着重要作用。企业员工可以利用这些系统向同事提出问题，寻求帮助和建议。RAG 模型可以帮助员工快速找到所需的信息，解决问题，促进内部知识的分享和交流。这有助于加强团队合作，提高工作效率，同时也有利于企业内部的学习和创新。

■ 教育与学习辅助

在线问答系统还可以作为教育和学习辅助工具，在学校、培训机构等场所广泛应用。学生和学习者可以利用这些系统提出问题，获取解答和学习资料。RAG 模型可以根据学生提出的问题从大量的学习资源中检索相关信息，并且生成针对性的答案或解释。这有助于学生更好地理解知识，提高学习效率，同时也有利于教师更好地了解学生的学习需求，提供个性化的教学服务。

■ 其他应用场景

除了上述几个主要应用场景，在线问答系统还可以在诸如医疗健康、法律咨询、旅游指南等领域发挥重要作用。例如，在医疗健康领域，患者可以通过在线问答系统向医生提出疑问，获取医疗建议和健康信息。而在法律领域，律师可以利用这些系统为客户提供法律咨询服务，解答法律问题。

3. 情报检索系统中的应用

情报检索系统是一种重要的信息管理系统，旨在帮助用户获取所需的情报信息，支持用户进行信息搜索、分析和决策。这种系统在各种领域都有广泛的应用，包括政府部门、企业组织等，以支持决策制定、安全防护等工作。基于 RAG 的大模型文档搜索方法为情报检索系统提供了强大的技术支持，可以在以下方面发挥重要作用。

■ 快速信息检索与分析

情报检索系统需要能够快速、准确地检索到相关的情报信息，并且支持用户对这些信息进行分析和理解。RAG 模型具有快速响应的能力，可以在海量的情报文档中快速定位到用户所需的信息，同时通过生成器和评分器模块生成高质量的摘要或答案，帮助用户快速理解和利用这些信息。

■ 多样化信息资源的整合利用

情报检索系统通常需要整合多种类型的信息资源，包括文本文档、数据库、网络数据等。RAG 模型作为一种通用的文档搜索方法，可以适应不同类型和来源的信息资源，并且可以通过预训练的方式对不同领域的语言和知识进行建模，从而提高检索和理解的效果。

■ 情报分析与决策支持

除了提供信息检索的功能，情报检索系统还需要支持用户对信息进行分析和推理，以支持决策制定。RAG 模型可以通过对文档进行深度理解和推理，为用户提供更深层次的分析和洞察，帮助用户更好地理解信息背后的含义和关联，从而支持决策制定和战略规划。

第2章

PyTorch 编程基础

在实现高效的文档搜索和问答功能时，基于 RAG（Retrieval-Augmented Generation）的模型展现了其强大的能力。这些模型通过结合检索和生成两种方法，能够在提供准确答案的同时，利用大量文档中的信息来增强回答的质量。为了实现这一复杂的过程，PyTorch 作为一个灵活且高效的深度学习框架，成为了训练和部署这些大模型的首选工具。PyTorch 提供的动态计算图和丰富的库，使开发者能够方便地实现复杂的模型结构和优化算法，从而大大提升 RAG 模型的性能和效率。因此，掌握 PyTorch 的编程基础，对于深入理解和应用基于 RAG 的模型技术至关重要。

2.1 PyTorch简介

PyTorch 是一个开源的深度学习框架，它提供了丰富的工具和库，用于构建和训练深度神经网络。PyTorch 的设计目标之一是提供灵活性和易用性，使研究人员和工程师能够快速实现他们的想法，并在实际项目中进行部署。

PyTorch 具有许多令人称道的特点，使其成为深度学习领域的首选框架之一。

（1）动态图计算：PyTorch 采用动态图计算的方式，与静态图计算相比，它更直观、灵活，能够更容易地进行模型调试和动态图构建。这意味着每次迭代都可以重新定义计算图，从而支持更灵活的模型结构和算法。

（2）简洁的 API 设计：PyTorch 的 API 设计非常简洁明了，使用户可以更容易地理解和使用框架提供的功能。

（3）强大的自动微分：PyTorch 提供了自动微分的功能，可以自动计算张量的梯度，这对于训练复杂的神经网络模型至关重要。

（4）丰富的模型库：PyTorch 提供了丰富的预训练模型和模型组件，包括各种经典的卷积神经网络、循环神经网络以及注意力机制等。

（5）支持 GPU 加速：PyTorch 可以利用 GPU 进行加速计算，大大提高了深度学习模型的训练和推理速度。

（6）社区活跃：PyTorch 拥有庞大的用户社区和开发者社区，用户可以在社区中获取丰富的教程、示例代码和解决方案。

PyTorch 作为一个灵活、易用的深度学习框架，为用户提供了丰富的工具和库，可以帮助他们快速构建、训练和部署深度神经网络模型。在接下来的内容中，我们将深入了解 PyTorch 的各项功能和特性，帮助读者掌握 PyTorch 的基础知识，为后续的学习打下坚实的基础。

2.2　PyTorch安装与环境配置

PyTorch 的安装和环境配置是使用该深度学习框架的第一步，正确地安装和配置环境可以为后续的开发工作奠定基础。本节将介绍如何在不同操作系统下安装 PyTorch，并提供一些常见问题的解决方法。

2.2.1　安装PyTorch

PyTorch 支持多种操作系统，包括 Windows、Linux 和 macOS，并提供了不同的安装方式，如使用 pip、conda、源码编译等。下面分别介绍在各个操作系统下安装 PyTorch 的方法。

1. 在Windows下安装PyTorch

在 Windows 系统下安装 PyTorch 通常使用 pip 或 conda 包管理工具。首先，确保已经安装了 Python，并且可以通过命令行访问 pip 或 conda。然后，可以通过代码 2-1 所示的命令安装 PyTorch。

代码 2-1

```
# 使用 pip 安装 PyTorch
pip install torch torchvision torchaudio
# 或者使用 conda 安装 PyTorch
conda install pytorch torchvision torchaudio cudatoolkit=11.1 -c pytorch -c conda-forge
```

安装完成后，可以通过导入 torch 包来验证是否安装成功。

2. 在Linux下安装PyTorch

在 Linux 系统下，也可以使用代码 2-2 所示的命令来安装 PyTorch。

代码 2-2

```
# 使用 pip 安装 PyTorch
pip install torch torchvision torchaudio

# 使用 conda 安装 PyTorch
conda install pytorch torchvision torchaudio cudatoolkit=11.1 -c pytorch -c conda-forge
```

安装完成后，同样可以通过导入 torch 包来验证安装是否成功。

3. 在macOS下安装PyTorch

在 macOS 系统下，可以通过 pip 或 conda 来安装 PyTorch，如代码 2-3 所示。

代码 2-3

```
# 使用 pip 安装 PyTorch
pip install torch torchvision torchaudio
```

```
# 使用 conda 安装 PyTorch
conda install pytorch torchvision torchaudio −c pytorch
```

2.2.2 环境配置

安装 PyTorch 后，通常还需要配置相应的开发环境，包括选择合适的 Python 版本、安装必要的依赖包、配置 GPU 环境等。下面是一些常见的环境配置步骤。

（1）选择合适的 Python 版本：PyTorch 支持 Python 3.6 及以上版本，建议选择最新的稳定版本。

（2）安装必要的依赖包：除了 PyTorch，通常还需要安装其他的依赖包，如 NumPy、Matplotlib 等。可以使用 pip 或 conda 来安装这些依赖包。

（3）配置 GPU 环境（可选）：如果系统支持 GPU，并且想要使用 GPU 加速深度学习模型的训练，那么需要安装相应的 GPU 驱动和 CUDA 工具包，并确保 PyTorch 与 CUDA 版本兼容。在使用 conda 安装 PyTorch 时，可以通过指定 cudatoolkit 的版本来安装相应的 CUDA 工具包。

（4）设置 PyTorch 使用的默认设备（可选）：如果系统上同时安装了 CPU 和 GPU 版本的 PyTorch，并且想要在运行时指定 PyTorch 使用的设备，可以设置环境变量 CUDA_VISIBLE_DEVICES 来控制 PyTorch 使用的 GPU 设备。

（5）测试安装是否成功：在完成 PyTorch 的安装和环境配置后，建议运行简单的 Python 脚本来测试 PyTorch 是否能够正常工作，例如，创建一个张量并进行简单的运算。

2.2.3 常见安装问题及解决方法

在安装 PyTorch 的过程中，可能会遇到一些常见的问题，例如，网络连接问题、依赖包冲突、版本兼容性等。以下是一些常见问题及相应的解决方法。

（1）网络连接问题：如果在使用 pip 或 conda 安装 PyTorch 时遇到网络连接问题，可以尝试更换软件源或使用代理服务器。

（2）依赖包冲突：如果安装 PyTorch 时出现依赖包冲突，可以尝试使用虚拟环境来隔离项目的依赖，或者手动解决依赖包冲突。

（3）版本兼容性问题：在安装 PyTorch 时，需要注意 PyTorch 与其他依赖包的版本兼容性，尤其是 CUDA 工具包的版本与 PyTorch 版本的兼容性。可以查阅 PyTorch 官方文档或相关社区论坛获取更多信息。

（4）其他问题：如果遇到其他安装问题，建议查阅 PyTorch 官方文档、GitHub 仓库或相关社区论坛，寻求帮助或参考其他用户的解决方法。

通过正确地安装和配置 PyTorch 的环境，我们可以顺利地进行深度学习模型的开发和实验了，并且能够充分利用 PyTorch 提供的丰富功能和强大性能。

2.3 PyTorch张量

在 PyTorch 中，张量（Tensors）是数据的基本组织形式，它类似于 NumPy 中的数组，但提供了更多的功能和灵活性，尤其适用于深度学习模型的构建和训练。本节将介绍 PyTorch 张量的创建、索引和切片，以及形状操作等。

2.3.1 张量的创建

PyTorch 中的张量（Tensors）是其核心数据结构之一，用于表示数据和执行各种数学运算。在深度学习中，张量是模型输入、输出和参数的基本形式，因此了解如何创建张量是学习 PyTorch 的第一步。本小节将介绍几种常见的创建张量的方法，以及一些常用的参数和选项。

1. 直接创建

最简单的方法是使用 torch.tensor() 函数直接创建张量，创建的张量可以传入 Python 列表、元组或 NumPy 数组作为参数，如代码 2-4 所示。

代码 2-4

```
import torch
# 从 Python 列表创建张量
tensor1 = torch.tensor([1, 2, 3, 4])

# 从元组创建张量
tensor2 = torch.tensor((5, 6, 7, 8))

# 从 NumPy 数组创建张量
import numpy as np
numpy_array = np.array([9, 10, 11, 12])
tensor3 = torch.tensor(numpy_array)

print(tensor1)
print(tensor2)
print(tensor3)
```

代码 2-4 输出结果如下：

```
tensor([1, 2, 3, 4])
tensor([5, 6, 7, 8])
tensor([ 9, 10, 11, 12])
```

在创建张量时，可以指定数据类型（dtype）、设备（device）和是否要求梯度（requires_grad）等参数，如代码 2-5 所示。

代码 2-5

```
# 指定数据类型为 32 位浮点数
tensor_float = torch.tensor([1, 2, 3], dtype=torch.float32)

# 将张量存储在 GPU 上
device = torch.device('cuda' if torch.cuda.is_available() else 'cpu')
tensor_gpu = torch.tensor([1, 2, 3], device=device)

# 要求张量跟踪梯度变化
tensor_grad = torch.tensor([1.1, 2.2, 3.3], requires_grad=True)

print(tensor_float)
print(tensor_gpu)
print(tensor_grad)
```

代码 2-5 输出结果如下：

```
tensor([1., 2., 3.])
tensor([1, 2, 3])
tensor([1.1000, 2.2000, 3.3000], requires_grad=True)
```

2. 使用特殊张量函数创建

除了直接创建张量，PyTorch 还提供了一些特殊的张量函数来创建具有特定形状或特定值的张量，如代码 2-6 所示。

代码 2-6

```
# 创建全 0 张量
zeros_tensor = torch.zeros(2, 3)

# 创建全 1 张量
ones_tensor = torch.ones(3, 2)

# 创建指定范围的均匀分布张量
uniform_tensor = torch.rand(2, 2)

# 创建指定范围的正态分布张量
normal_tensor = torch.randn(3, 3)

print(zeros_tensor)
print(ones_tensor)
print(uniform_tensor)
print(normal_tensor)
```

代码 2-6 输出结果如下：

```
tensor([[0., 0., 0.],
        [0., 0., 0.]])
tensor([[1., 1.],
        [1., 1.],
        [1., 1.]])
tensor([[0.2625, 0.6937],
        [0.2591, 0.9748]])
tensor([[ 0.6665, −0.4112,  1.8353],
        [ 0.3590, −0.1397,  0.5233],
        [ 0.2305, −1.0080,  0.3259]])
```

这些特殊张量函数还支持指定数据类型、设备和是否需要梯度等参数，如代码 2-7 所示。

代码 2-7

```
import torch

# 指定数据类型和设备
tensor = torch.zeros(2, 2, dtype=torch.float32, device='cpu')
print(tensor)

# 要求张量跟踪梯度变化
tensor = torch.ones(2, 2, requires_grad=True)
print(tensor)
```

代码 2-7 输出结果如下：

```
tensor([[0., 0.],
        [0., 0.]])
tensor([[1., 1.],
        [1., 1.]], requires_grad=True)
```

3. 用现有张量创建的张量

可以使用现有张量的形状创建新的张量，或者使用现有张量的值创建新的张量，如代码 2-8 所示。

代码 2-8

```
# 从现有张量创建形状相同的新张量
tensor1 = torch.zeros(2, 3)
tensor2 = torch.empty_like(tensor1) # 创建与 tensor1 形状相同的全 0 张量

# 从现有张量创建形状相同但值不同的新张量
tensor3 = torch.ones_like(tensor1) # 创建与 tensor1 形状相同的全 1 张量
```

```
print(tensor1)
print(tensor2)
print(tensor3)
```

代码 2-8 输出结果如下：

```
tensor([[0., 0., 0.],
        [0., 0., 0.]])
tensor([[ 0.0000e+00, -1.0842e-19,  0.0000e+00],
        [-1.0842e-19,  1.1806e+22,  4.3066e+21]])
tensor([[1., 1., 1.],
        [1., 1., 1.]])
```

以上是几种常见的创建张量的方法，能够满足大多数场景下的需求。了解这些方法对于在实际应用中快速构建和处理数据非常重要。在实际工作中，我们根据具体任务的需要，选择合适的方法来创建张量是非常关键的。

2.3.2　张量的基本运算

在 PyTorch 中，张量是用于存储和操作数据的核心数据结构。张量支持各种数学运算，包括算术运算、逻辑运算、统计运算等。本小节将介绍一些张量的基本运算，帮助读者更好地理解如何在 PyTorch 中进行张量运算。

1. 算术运算

PyTorch 中的张量支持各种算术运算，如加法、减法、乘法和除法。这些运算可以使用 Python 运算符或 PyTorch 提供的函数来执行，如代码 2-9 所示。

代码 2-9

```
import torch
# 定义两个张量
tensor1 = torch.tensor([[1, 2], [3, 4]])
tensor2 = torch.tensor([[5, 6], [7, 8]])

# 加法
result_add = tensor1 + tensor2
result_add_func = torch.add(tensor1, tensor2)
print("Python 运算符：", result_add)
print("PyTorch 提供的函数：", result_add_func)

# 减法
result_sub = tensor1 − tensor2
result_sub_func = torch.sub(tensor1, tensor2)
print("Python 运算符：", result_sub)
print("PyTorch 提供的函数：", result_sub_func)
```

```
# 乘法
result_mul = tensor1 * tensor2
result_mul_func = torch.mul(tensor1, tensor2)
print("Python 运算符 : ", result_mul)
print("PyTorch 提供的函数 : ", result_mul_func)

# 除法
result_div = tensor1 / tensor2
result_div_func = torch.div(tensor1, tensor2)
print("Python 运算符 : ", result_div)
print("PyTorch 提供的函数 : ", result_div_func)
```

代码 2-9 输出结果如下：

```
Python 运算符 : tensor([[ 6, 8],
        [10, 12]])
PyTorch 提供的函数 : tensor([[ 6, 8],
        [10, 12]])
Python 运算符 : tensor([[-4, -4],
        [-4, -4]])
PyTorch 提供的函数 : tensor([[-4, -4],
        [-4, -4]])
Python 运算符 : tensor([[ 5, 12],
        [21, 32]])
PyTorch 提供的函数 : tensor([[ 5, 12],
        [21, 32]])
Python 运算符 : tensor([[0.2000, 0.3333],
        [0.4286, 0.5000]])
PyTorch 提供的函数 : tensor([[0.2000, 0.3333],
        [0.4286, 0.5000]])
```

2. 逻辑运算

PyTorch 中的张量还支持逻辑运算，如逻辑与、逻辑或和逻辑非等。这些运算通常用于创建掩码或执行元素级别的条件运算。它们也可以使用 Python 运算符或 PyTorch 提供的函数来执行，如代码 2-10 所示。

代码 2-10

```
import torch

# 定义两个张量
tensor1 = torch.tensor([[True, False], [False, True]])
tensor2 = torch.tensor([[False, True], [True, False]])

# 逻辑与
result_and = tensor1 & tensor2
```

```
result_and_func = torch.logical_and(tensor1, tensor2)
print(" 逻辑与 :", result_and, result_and_func)

# 逻辑或
result_or = tensor1 | tensor2
result_or_func = torch.logical_or(tensor1, tensor2)
print(" 逻辑或 :", result_or, result_or_func)

# 逻辑非
result_not = ~tensor1
result_not_func = torch.logical_not(tensor1)
print(" 逻辑非 :", result_not, result_not_func)
```

代码 2-10 输出结果如下：

```
逻辑与 : tensor([[False, False],
      [False, False]]) tensor([[False, False],
      [False, False]])
逻辑或 : tensor([[True, True],
      [True, True]]) tensor([[True, True],
      [True, True]])
逻辑非 : tensor([[False, True],
      [ True, False]]) tensor([[False, True],
      [ True, False]])
```

3. 统计运算

PyTorch 提供了许多用于计算张量统计信息的函数，如 max（最大值）、min（最小值）、mean（均值）、std（标准差）等。这些函数可以对整个张量或指定维度上的数据进行统计，如代码 2-11 所示。

代码 2-11

```
import torch

# 定义一个张量
tensor = torch.tensor([[1., 2., 3.], [4., 5., 6.]])

# 计算张量的最大值
max_value = torch.max(tensor)
print(" 计算张量的最大值 : ", max_value)

# 计算张量在指定维度上的最小值
min_value_dim0, _ = torch.min(tensor, dim=0)
print(" 计算张量在指定维度上的最小值 : ", min_value_dim0)

# 计算张量的均值
mean_value = torch.mean(tensor)
```

```
print(" 计算张量的均值 : ", mean_value)

# 计算张量的标准差
std_value = torch.std(tensor)
print(" 计算张量的标准差 : ", std_value)
```

代码 2-11 输出结果如下：

```
计算张量的最大值 : tensor(6.)
计算张量在指定维度上的最小值 : tensor([1., 2., 3.])
计算张量的均值 : tensor(3.5000)
计算张量的标准差 : tensor(1.8708)
```

4. 广播（Broadcasting）运算

PyTorch 支持广播运算，使在不同形状的张量之间进行运算成为可能。当执行算术运算时，PyTorch 会自动将形状不一致的张量进行广播，以便它们能够进行元素级别的运算，如代码 2-12 所示。

代码 2-12

```
import torch

# 定义一个张量
tensor1 = torch.tensor([[1, 2, 3], [4, 5, 6]])
tensor2 = torch.tensor([10, 20, 30])

# 执行广播运算
result_broadcast = tensor1 + tensor2
print(" 执行广播运算 : ", result_broadcast)
```

代码 2-12 输出结果如下：

```
执行广播运算 : tensor([[11, 22, 33],
        [14, 25, 36]])
```

以上是一些常见的张量运算示例，希望能够帮助读者更好地理解 PyTorch 中张量的基本运算和使用方法。在实际应用中，根据具体任务的需要，选择合适的张量运算方法非常重要。

2.3.3 张量的索引和切片

在 PyTorch 中，张量的索引和切片是常见且重要的操作，它们允许我们从张量中选择特定的元素或子集。本小节将介绍如何使用索引和切片操作来访问和操作张量中的数据。

1. 使用索引操作访问张量中的数据

张量的索引操作允许我们通过指定索引位置来访问张量中的单个元素。PyTorch 使用 0-based 索引，即第一个元素的索引为 0，第二个元素的索引为 1，依此类推。通过指定索引位置来访问张量中单个元素的代码，如代码 2-13 所示。

代码 2-13

```
import torch

# 创建一个张量
tensor = torch.tensor([[1, 2, 3], [4, 5, 6], [7, 8, 9]])

# 访问张量中的单个元素
element = tensor[1, 2]  # 获取第二行第三列的元素，值为 6
print(" 访问张量中的元素 : ", element)
```

代码 2-13 输出结果如下：

```
访问张量中的单个元素 : tensor(6)
```

2. 使用切片操作访问张量中的数据

张量的切片操作允许我们选择张量的子集。我们可以指定起始索引和结束索引来定义切片范围，还可以指定步长来控制切片的间隔，如代码 2-14 所示。

代码 2-14

```
import torch

# 创建一个张量
tensor = torch.tensor([[1, 2, 3], [4, 5, 6], [7, 8, 9]])

# 切片操作示例
slice_tensor = tensor[0:2, 1:3]  # 获取第一行到第二行、第二列到第三列的子张量
print(" 切片输出结果为 : ", slice_tensor)
```

代码 2-14 输出结果如下：

```
切片输出结果为 : tensor([[2, 3],
    [5, 6]])
```

3. 使用索引和切片修改张量中的元素

除了访问数据，我们还可以使用索引和切片来修改张量中的元素，如代码 2-15 所示。

代码 2-15

```
import torch

# 创建一个张量
tensor = torch.tensor([[1, 2, 3], [4, 5, 6], [7, 8, 9]])

# 修改张量中的元素
tensor[0, 1] = 10  # 将第一行第二列的元素修改为 10
print(" 修改单个元素 : ", tensor)

# 使用切片修改张量中的子张量
tensor[:, 1:3] = 0  # 将所有行的第二列到第三列的元素修改为 0
print(" 修改切片元素 : ", tensor)
```

代码 2-15 输出结果如下：

```
修改单个元素 : tensor([[ 1, 10, 3],
      [ 4, 5, 6],
      [ 7, 8, 9]])
修改切片元素 : tensor([[1, 0, 0],
      [4, 0, 0],
      [7, 0, 0]])
```

4. 高级索引

除了基本的索引和切片操作外，PyTorch 还支持高级索引，包括整数索引（使用整数列表或张量来选择张量中的特定行或列）和布尔索引（使用布尔张量来选择满足特定条件的元素），如代码 2-16 所示。

代码 2-16

```
import torch

# 创建一个张量
tensor = torch.tensor([[1, 2, 3], [4, 5, 6], [7, 8, 9]])

# 整数索引示例
indices = torch.tensor([0, 2])
selected_rows = tensor[indices]
print(" 整数索引 : ", selected_rows)

# 布尔索引示例
condition = tensor > 5
selected_elements = tensor[condition]
print(" 布尔索引 : ", selected_elements)
```

代码 2-16 输出结果如下：

```
整数索引: tensor([[1, 2, 3],
    [7, 8, 9]])
布尔索引: tensor([6, 7, 8, 9])
```

通过掌握张量的索引和切片操作,我们可以灵活地访问和操作张量中的数据,为后续的数据处理和模型构建打下基础。

2.3.4 张量的形状操作

在 PyTorch 中,张量的形状操作是对张量的维度和大小进行调整或变换的重要操作之一。通过形状操作,我们可以改变张量的维度、大小,以及重新排列张量中的元素,从而适应不同的需求和任务。本小节将介绍 PyTorch 中常用的张量形状操作及其应用场景。

1. 改变张量形状的基础操作

PyTorch 提供了多种方法来改变张量的形状,包括 view()、reshape() 和 transpose () 等。这些方法可以在不改变张量元素的情况下改变张量的形状。

■ view() 方法:该方法允许我们通过指定新的形状来改变张量的形状,但要求新形状的大小与原张量的大小相同,如代码 2-17 所示。

代码 2-17

```
import torch

# 创建一个 3x4 的张量
tensor = torch.tensor([[1, 2, 3, 4], [5, 6, 7, 8], [9, 10, 11, 12]])
print("tensor 原始形状 : ", tensor.shape)
# 将张量的形状改变为 2×6 的张量
reshaped_tensor = tensor.view(2, 6)
print("tensor 修改之后的形状 : ", reshaped_tensor.shape)
```

代码 2-17 输出结果如下:

```
tensor 原始形状 : torch.Size([3, 4])
tensor 修改之后的形状 : torch.Size([2, 6])
```

■ reshape() 方法:与 view() 方法类似,reshape() 方法也用于改变张量的形状,但它可以接受一个元组作为参数,形成新的形状,如代码 2-18 所示。

代码 2-18

```
import torch

# 创建一个 3×4 的张量
tensor = torch.tensor([[1, 2, 3, 4], [5, 6, 7, 8], [9, 10, 11, 12]])
```

```
print("tensor 原始形状 : ", tensor.shape)

# 将张量的形状改变为 2×6 的张量
reshaped_tensor = tensor.reshape(2, 6)
print("tensor 修改之后的形状 : ", reshaped_tensor.shape)
```

代码 2-18 输出结果如下：

```
tensor 原始形状 : torch.Size([3, 4])
tensor 修改之后的形状 : torch.Size([2, 6])
```

■ transpose() 方法：该方法用于交换张量的维度顺序，可以实现张量的转置操作，如代码 2-19 所示。

代码 2-19

```
import torch

# 创建一个 3×4 的张量
tensor = torch.tensor([[1, 2, 3, 4], [5, 6, 7, 8], [9, 10, 11, 12]])
print("tensor 原始形状 : ", tensor.shape)

# 对张量进行转置操作
transposed_tensor = tensor.transpose(0, 1)  # 将张量的行列交换
print("tensor 修改之后的形状 : ", transposed_tensor.shape)
```

代码 2-19 输出结果如下：

```
tensor 原始形状 : torch.Size([3, 4])
tensor 修改之后的形状 : torch.Size([4, 3])
```

2. 增加或减少张量的维度

有时候我们需要在张量中增加或减少维度，以适应特定的计算需求或模型输入要求。PyTorch 提供了 unsqueeze() 方法和 squeeze() 方法来实现维度的增加和减少。

■ unsqueeze() 方法：该方法用于在指定位置增加一个维度，如代码 2-20 所示。

代码 2-20

```
import torch

# 创建一个形状为 (3,) 的张量
tensor = torch.tensor([1, 2, 3])
print("tensor 原始形状 : ", tensor.shape)

# 在第一个维度位置增加一个维度
unsqueeze_tensor = tensor.unsqueeze(0)  # 结果为形状为 (1, 3) 的张量
print("tensor 修改之后的形状 : ", unsqueeze_tensor.shape)
```

代码 2-20 输出结果如下：

```
tensor 原始形状 : torch.Size([3])
tensor 修改之后的形状 : torch.Size([1, 3])
```

■ squeeze() 方法：该方法用于移除张量中大小为 1 的维度，如代码 2-21 所示。

代码 2-21

```
import torch

# 创建一个形状为 (1, 3) 的张量
tensor = torch.tensor([[1, 2, 3]])
print("tensor 原始形状 : ", tensor.shape)

# 移除维度为 1 的维度
squeezed_tensor = tensor.squeeze()  # 结果为形状为 (3,) 的张量
print("tensor 修改之后的形状 : ", squeezed_tensor.shape)
```

代码 2-21 输出结果如下：

```
tensor 原始形状 : torch.Size([1, 3])
tensor 修改之后的形状 : torch.Size([3])
```

3. 改变张量的大小

有时候我们需要改变张量的大小而不改变其形状，这可以通过 resize() 方法来
实现。需要注意的是，resize() 方法会改变张量的大小，但不会改变其元素值，因此
可能会引入填充或截断。如代码 2-22 所示。

代码 2-22

```
import torch

# 创建一个 3×4 的张量
tensor = torch.tensor([[1, 2, 3, 4], [5, 6, 7, 8], [9, 10, 11, 12]])
print("tensor 原始形状 : ", tensor.shape)

# 将张量的大小改变为 2×6 的张量
resized_tensor = tensor.resize_(2, 6)
print("tensor 修改之后的形状 : ", resized_tensor.shape)
```

代码 2-22 输出结果如下：

```
tensor 原始形状 : torch.Size([3, 4])
tensor 修改之后的形状 : torch.Size([2, 6])
```

通过灵活运用张量的形状操作，我们可以方便地处理各种形状的数据，从而实
现更加灵活和高效的数据处理和模型构建。

2.4 PyTorch自动微分

在深度学习中，自动微分是一项关键的技术，它使我们能够高效地计算复杂模型的梯度，从而实现参数的优化更新。PyTorch 的 Autograd（Automatic Differentiation，自动微分）模块为我们提供了一种方便的方式来自动计算张量的梯度，而无须手动推导导数。本节将介绍 PyTorch 中 Autograd 的基本概念、工作原理，以及如何利用 Autograd 进行梯度计算和反向传播。

2.4.1 梯度计算

在深度学习中，梯度计算是优化算法中的关键步骤之一。梯度告诉我们损失函数在当前参数值附近的变化率，使我们能够朝着减少损失的方向更新模型参数。PyTorch 的 Autograd 模块提供了一种自动计算梯度的方法，不用手动计算导数，这使深度学习模型的训练变得更加便捷和高效。

那么，什么是梯度呢？

梯度是多元函数在某一点处的导数，它是一个向量，表示函数在该点处的变化率和变化方向。在深度学习中，我们通常希望通过梯度来更新模型参数，以最小化损失函数。梯度的计算涉及对损失函数中各个参数的偏导数的计算，这在传统的机器学习方法中可能会非常烦琐，但在 PyTorch 中，我们可以借助 Autograd 模块轻松完成这一任务。

在 PyTorch 中，要计算张量的梯度，我们需要将其属性 requires_grad 设置为 True，这样 PyTorch 会跟踪对该张量的所有操作，并自动构建计算图以便后向传播。让我们通过一个简单的示例来演示如何使用 Autograd 计算梯度，如代码 2-23 所示。

代码 2-23

```
import torch

# 定义一个张量并标记需要计算梯度
x = torch.tensor(2.0, requires_grad=True)

# 定义一个函数 y = x^2
y = x ** 2

# 计算 y 相对于 x 的梯度
y.backward()

# 输出梯度值
print(x.grad)
```

代码 2-23 输出结果如下：

```
tensor(4.)
```

在代码 2-23 中，我们首先定义了一个张量 x，并将其 requires_grad 属性设置为 True，表示我们希望计算相对于该张量的梯度。然后，我们定义了一个函数 y，它是 x 的平方。通过调用 y.backward()，PyTorch 会自动计算 y 相对于 x 的梯度，并将结果存储在 x.grad 中。

但在使用 Autograd 计算梯度时，我们需要注意以下几点。

（1）梯度累积：如果对同一个张量进行多次反向传播，梯度将会累积。如果希望在每次反向传播之前清除梯度，可以使用 zero_grad() 方法。

（2）张量类型：Autograd 只支持浮点张量的梯度计算，因此，在进行反向传播之前，确保张量的数据类型是浮点型。

（3）上下文管理器：有时，我们可能不希望某些操作被 Autograd 跟踪，可以使用 torch.no_grad() 上下文管理器来暂时停止梯度跟踪。

通过本小节的学习，我们了解了在 PyTorch 中如何使用 Autograd 模块计算张量的梯度。Autograd 使梯度计算变得简单和高效，为深度学习模型的训练提供了强大的支持。

2.4.2　反向传播

在深度学习中，反向传播是训练神经网络模型的核心算法之一。它通过计算损失函数对模型参数的梯度，从而指导参数的更新，使模型逐渐收敛到最优解。PyTorch 的 Autograd 模块提供了自动计算梯度的功能，使反向传播过程变得简单和高效。

接下来，我们先来介绍反向传播的原理。

反向传播算法的核心思想是链式法则。它将损失函数关于输出和参数之间的关系沿着计算图反向传播，从输出层向输入层逐步计算梯度。这一过程包括两个关键步骤：前向传播和反向传播。

（1）前向传播：通过输入数据和当前模型参数，计算出模型的预测输出值，并结合真实标签计算损失函数值。

（2）反向传播：从损失函数开始，沿着计算图反向计算梯度，利用链式法则将梯度传播到每个参数，最终得到每个参数相对于损失函数的梯度。

在 PyTorch 中，反向传播是通过调用张量的 backward() 方法来实现的。在进行反向传播之前，需要确保计算得到的损失是一个标量，因为反向传播要求计算标量对张量的梯度。如果损失不是标量，可以先对其进行求和或取平均等操作以得到标量值。

让我们通过一个简单的示例来演示反向传播的过程，如代码 2-24 所示。

```
import torch

# 定义模型参数
w = torch.tensor(2.0, requires_grad=True)
b = torch.tensor(1.0, requires_grad=True)

# 定义输入数据和真实标签
x = torch.tensor([1.0, 2.0, 3.0])
y_true = torch.tensor([2.0, 4.0, 6.0])

# 定义模型预测输出
y_pred = w * x + b

# 计算均方误差损失
loss = torch.mean((y_true − y_pred) ** 2)

# 反向传播计算梯度
loss.backward()

# 输出参数的梯度值
print(w.grad)
print(b.grad)
```

代码 2-24 输出结果如下：

```
tensor(4.)
tensor(2.)
```

在上面的示例中，我们首先定义了模型参数 w 和 b，并将它们的 requires_grad 属性设置为 True，表示我们希望计算相对于这些参数的梯度。然后，我们定义了输入数据 x 和真实标签 y_true，并使用模型预测了输出 y_pred。接着，我们计算了均方误差损失，并调用 loss.backward() 方法进行反向传播，最终得到了参数 w 和 b 相对于损失函数的梯度。

但在使用反向传播时，我们也需要注意以下几点。

（1）计算图保留：默认情况下，PyTorch 会保留计算图以支持自动求导，可以通过调用 torch.no_grad() 方法或 detach() 方法来停止梯度跟踪。

（2）梯度清零：在进行多次反向传播之前，需要先将梯度清零，以避免梯度的累积。可以通过调用 optimizer.zero_grad() 方法或 model.zero_grad() 方法来实现。

（3）计算效率：反向传播过程可能会占用大量内存，特别是在计算大模型时。可以考虑使用分布式训练、梯度裁剪等技术来提高计算效率。

至此，我们了解了 PyTorch 中如何使用 Autograd 模块进行反向传播，这是深度学习模型训练过程中的关键步骤之一。掌握反向传播的原理和方法将有助于我们更好地理解和应用深度学习算法。

2.4.3 停止梯度传播

在 PyTorch 中，通过设置梯度的 requires_grad 属性来控制是否进行梯度计算以及梯度传播。有时候，在模型的某些部分或者某些情况下，我们希望停止梯度传播，即不对某些参数进行梯度计算。这在模型微调或者特定的优化算法中可能是必要的。本小节将介绍如何在 PyTorch 中停止梯度传播。

但是，我们为什么需要停止梯度传播？停止梯度传播的主要原因有以下几点。

（1）固定参数：在训练过程中，有时我们希望固定某些参数，不对其进行更新。停止梯度传播可以使这些参数的梯度计算为零，从而达到固定参数的目的。

（2）减少计算量：有时模型中的某些部分不需要进行梯度计算，例如，在预训练模型中，我们可能只想微调顶层分类器而保持其余部分固定。停止梯度传播可以减少不必要的计算，提高训练速度和效率。

为了达到停止梯度传播这个目的，在 PyTorch 中，我们可以使用 torch.no_grad()（上下文管理器）来停止梯度传播。在一个上下文中，PyTorch 不会跟踪张量的梯度，也不会进行梯度传播，这样可以减少内存消耗并加速计算，如代码 2-25 所示。

代码 2-25

```
import torch

# 定义模型参数
w = torch.tensor(3.0, requires_grad=True)
b = torch.tensor(1.0, requires_grad=True)

# 定义输入数据和真实标签
x = torch.tensor([2.0])
y_true = torch.tensor([7.0])

# 假设这是一个简单的模型预测过程
y_pred = w * x + b

# 计算均方误差损失
loss = torch.mean((y_true − y_pred) ** 2)

# 停止梯度传播，固定参数
with torch.no_grad():
    w += 1.0 # w 参数不再更新
    b += 0.5 # b 参数不再更新
```

```
# 输出固定后的参数
print(w)
print(b)
```

代码 2-25 输出结果如下：

```
tensor(4., requires_grad=True)
tensor(1.5000, requires_grad=True)
```

在上面的示例中，我们用 with torch.no_grad() 方法更新了参数 w 和 b，这样它们的梯度就不会被计算和更新。

除了 torch.no_grad() 方法，还可以使用 detach() 方法来停止梯度传播。detach() 方法会返回一个新的张量，且不会保留梯度信息，也不会影响原始张量的梯度，如代码 2-26 所示。

代码 2-26

```
import torch

# 定义模型参数
w = torch.tensor(3.0, requires_grad=True)
b = torch.tensor(1.0, requires_grad=True)

# 定义输入数据和真实标签
x = torch.tensor([2.0])
y_true = torch.tensor([7.0])

# 假设这是一个简单的模型预测过程
y_pred = w * x + b

# 计算均方误差损失
loss = torch.mean((y_true − y_pred) ** 2)

# 停止梯度传播，固定参数
w = w.detach()
b = b.detach()

# 输出固定后的参数
print(w)
print(b)
```

代码 2-26 输出结果如下：

```
tensor(3.)
tensor(1.)
```

在代码 2-26 中，我们将 w 和 b 使用 detach() 方法进行了停止梯度传播的操作，使它们不再与计算图相关联，从而停止了梯度的计算和传播。

停止梯度传播是 PyTorch 中一个非常有用的功能，可以帮助我们控制模型的参数更新和梯度计算，从而灵活地应对不同的训练需求。通过 torch.no_grad() 方法和 detach() 方法，我们可以轻松地实现停止梯度传播的目的，提高模型训练的效率和灵活性。

2.5 PyTorch模型构建

在深度学习中，模型构建是创建整个模型的基础。PyTorch 作为一个灵活且功能强大的深度学习框架，提供了构建神经网络模型的多种方式，从简单的线性模型到复杂的神经网络模型，应有尽有。本节将介绍如何使用 PyTorch 构建基础的神经网络模型，并探讨模型参数的访问和初始化。

2.5.1 搭建神经网络模型

在深度学习中，神经网络模型是实现任务的关键组成部分之一。PyTorch 提供了灵活而强大的工具，使构建各种类型的神经网络模型变得简单而直观。在本小节中，我们将探讨如何使用 PyTorch 构建神经网络模型，包括定义模型的结构和前向传播方法。

1. 定义神经网络模型类

在 PyTorch 中，我们通过定义一个继承自 torch.nn.Module 的 Python 类来定义神经网络模型。这个类包含了网络的结构和前向传播方法，如代码 2-27 所示。

代码 2-27

```
import torch
import torch.nn as nn

class SimpleNet(nn.Module):
    def __init__(self, input_dim, hidden_dim, output_dim):
        super(SimpleNet, self).__init__()
        self.fc1 = nn.Linear(input_dim, hidden_dim)
        self.relu = nn.ReLU()
        self.fc2 = nn.Linear(hidden_dim, output_dim)

    def forward(self, x):
        x = self.fc1(x)
        x = self.relu(x)
        x = self.fc2(x)
        return x
```

在这个示例中，我们定义了一个名为 SimpleNet 的类，它继承自 nn.Module。

在类的构造函数 __init__ 中，我们定义了神经网络的结构，包括两个线性层（全连接层）和一个 ReLU 激活函数。在前向传播方法 forward 中，我们定义了数据在网络中的传播方式。

2. 构建模型实例

定义完神经网络模型类之后，我们可以实例化这个类来创建模型对象。在实例化模型时，我们需要指定输入维度、隐藏层维度和输出维度等参数，如代码 2-28 所示。

代码 2-28

```
# 指定输入维度、隐藏层维度和输出维度
input_dim = 100
hidden_dim = 50
output_dim = 10

# 创建一个 SimpleNet 模型实例
model = SimpleNet(input_dim, hidden_dim, output_dim)
```

在这个示例中，我们创建了一个名为 model 的 SimpleNet 模型实例，指定了输入维度为 100、隐藏层维度为 50 和输出维度为 10。

3. 模型结构可视化

在构建神经网络模型时，了解模型的结构对于调试和优化非常有帮助。PyTorch 提供了 torchsummary 等工具来帮助我们可视化模型的结构，如代码 2-29 所示。

代码 2-29

```
from torchsummary import summary
# 打印模型的结构

summary(model, input_size=(input_dim,))
```

代码 2-29 输出结果如图 2-1 所示。

```
        Layer (type)               Output Shape         Param #
================================================================
            Linear-1                   [-1, 50]           5,050
              ReLU-2                   [-1, 50]               0
            Linear-3                   [-1, 10]             510
================================================================
Total params: 5,560
Trainable params: 5,560
Non-trainable params: 0
----------------------------------------------------------------
Input size (MB): 0.00
Forward/backward pass size (MB): 0.00
Params size (MB): 0.02
Estimated Total Size (MB): 0.02
```

图2-1　输出结果

通过调用 summary 函数并传入模型实例和输入尺寸，我们可以打印出模型的结构摘要，包括每一层的名称、类型、输出形状等信息。

至此，我们介绍了如何使用 PyTorch 构建神经网络模型。首先，我们定义了一个继承自 torch.nn.Module 的 Python 类来表示模型，然后实例化这个类来创建模型对象。最后，我们介绍了如何使用 torchsummary 等工具来可视化模型的结构。掌握这些知识后，就可以开始构建各种类型的神经网络模型，并在实际项目中应用它们。

2.5.2 模型参数的访问和初始化

在构建和训练神经网络模型时，对模型参数进行访问和初始化是非常重要的步骤。PyTorch 提供了简单而灵活的方法来实现这些操作，使用户可以轻松地管理模型的参数。本小节将介绍如何使用 PyTorch 来访问和初始化神经网络模型的参数。

1. 访问模型参数

在 PyTorch 中，我们可以通过 parameters() 方法来访问模型的参数。这个方法返回一个包含模型所有参数的迭代器，我们可以通过迭代器来访问每个参数，如代码 2-30 所示。

代码 2-30

```
import torch
import torch.nn as nn

# 定义一个简单的神经网络模型
class SimpleNet(nn.Module):
    def __init__(self):
        super(SimpleNet, self).__init__()
        self.fc1 = nn.Linear(10, 5)
        self.fc2 = nn.Linear(5, 1)

    def forward(self, x):
        x = torch.relu(self.fc1(x))
        x = torch.sigmoid(self.fc2(x))
        return x

# 创建模型实例
model = SimpleNet()

# 访问模型参数
for name, param in model.named_parameters():
    print(f"Parameter name: {name}, Size: {param.size()}")
```

代码 2-30 输出结果如下：

```
Parameter name: fc1.weight, Size: torch.Size([5, 10])
Parameter name: fc1.bias, Size: torch.Size([5])
Parameter name: fc2.weight, Size: torch.Size([1, 5])
Parameter name: fc2.bias, Size: torch.Size([1])
```

在代码 2-30 中，我们首先定义了一个简单的神经网络模型 SimpleNet，包括两个线性层。然后我们创建了模型实例，并通过调用 named_parameters() 方法来访问模型的参数。对于每个参数，我们打印了参数的名称和大小。

2. 初始化模型参数

在 PyTorch 中，默认情况下模型的参数是随机初始化的，但我们也可以手动指定初始化方法来初始化参数。PyTorch 提供了各种内置的初始化方法，如 torch.nn.init.xavier_uniform_()、torch.nn.init.normal_() 等，如代码 2-31 所示。

代码 2-31

```
# 定义初始化模型参数的函数
def init_weights(m):
    if isinstance(m, nn.Linear):
        torch.nn.init.xavier_uniform_(m.weight)
        m.bias.data.fill_(0.01)

# 使用这个函数初始化模型参数
model.apply(init_weights)
```

在代码 2-31 中，我们定义了一个名为 init_weights 的函数，该函数接受一个 nn.Module 的实例作为输入，并在该模型中的每个线性层上应用 Xavier 初始化方法来初始化权重，同时使用常数 0.01 来初始化偏置。然后，我们通过调用 apply() 方法来应用初始化函数。

3. 自定义初始化方法

除了使用内置的初始化方法，我们还可以自定义初始化方法来初始化模型参数。例如，我们可以编写一个函数来实现特定的初始化逻辑，然后将其应用到模型的参数上，如代码 2-32 所示。

代码 2-32

```
# 自定义初始化方法
def custom_init_weights(m):
    if isinstance(m, nn.Linear):
        # 自定义初始化逻辑
        torch.nn.init.uniform_(m.weight, −0.1, 0.1)
        m.bias.data.fill_(0)

# 使用自定义初始化方法初始化模型参数
model.apply(custom_init_weights)
```

在代码 2-32 中，我们定义了一个名为 custom_init_weights 的函数，该函数使用 torch.nn.init.uniform_() 方法来对权重进行均匀分布的初始化，并使用常数 0 来初始化偏置。然后，我们将这个初始化方法应用到模型的参数上。

至此，我们介绍了如何使用 PyTorch 来访问和初始化神经网络模型的参数。首先，我们使用 named_parameters() 方法来访问模型的参数，并展示了如何打印参数的名称和大小。然后，我们介绍了如何使用内置的初始化方法和自定义初始化方法来初始化模型的参数。掌握这些知识后，我们将能够更好地管理和控制神经网络模型的参数，从而提高模型的性能和可训练性。

2.6 PyTorch数据加载与预处理

在深度学习中，数据加载和预处理是模型训练过程中的重要环节。PyTorch 提供了简单而强大的工具，使数据加载和预处理变得高效而灵活。本节将介绍如何使用 PyTorch 来加载和预处理数据，以便于模型的训练和评估。

2.6.1 数据加载

在深度学习中，数据加载是模型训练的第一步，它涉及将原始数据转换为模型可接受的张量形式，并进行有效的批量加载。PyTorch 提供了多种方法来加载数据，包括使用内置数据集、自定义数据集、数据加载器和自定义数据加载函数等。本小节将分别介绍 PyTorch 的这 4 种数据加载模式。

1. 内置数据集

PyTorch 内置了许多常用的数据集，如 MNIST、CIFAR-10、ImageNet 等，可以通过 torchvision.datasets 模块方便地加载这些数据集，如代码 2-33 所示。

代码 2-33

```
import torchvision.datasets as datasets

# 加载 MNIST 数据集
mnist_trainset = datasets.MNIST(root='./data', train=True, download=True, transform=None)
mnist_testset = datasets.MNIST(root='./data', train=False, download=True, transform=None)
```

在代码 2-33 中，我们使用 MNIST 类加载了 MNIST 数据集，并设置了 root 参数指定数据集的存储路径，train 参数指定加载训练集还是测试集，download 参数指定是否下载数据集，transform 参数指定数据转换操作，默认为 None。

2. 自定义数据集

除了使用内置数据集，我们还可以通过继承 torch.utils.data.Dataset 类来定义自己的数据集，并使用 __len__() 方法和 __getitem__() 方法来实现数据加载，如代码 2-34 所示。

代码 2-34

```
import torch
from torch.utils.data import Dataset

class CustomDataset(Dataset):
    def __init__(self, data, targets):
        self.data = data
        self.targets = targets

    def __len__(self):
        return len(self.data)

    def __getitem__(self, index):
        x = self.data[index]
        y = self.targets[index]
        return x, y
```

在代码 2-34 中，我们定义了一个名为 CustomDataset 的自定义数据集类，它接受数据和目标标签作为输入，并实现了 __len__() 方法和 __getitem__() 方法定义数据集的长度和获取数据样本的方式。

3. 数据加载器

数据加载器是将数据集包装成一个可迭代的对象，以便于进行批量数据的加载。我们可以使用 torch.utils.data.DataLoader 类来创建数据加载器，并设置批量大小、是否进行随机打乱等参数，如代码 2-35 所示。

代码 2-35

```
from torch.utils.data import DataLoader

# 创建数据加载器实例
train_loader = DataLoader(dataset=mnist_trainset, batch_size=64, shuffle=True)
test_loader = DataLoader(dataset=mnist_testset, batch_size=64, shuffle=False)
```

在代码 2-35 中，我们使用 DataLoader 类创建了名为 train_loader 和 test_loader 的数据加载器实例，分别用于加载训练集和测试集，设置了批量大小为 64，并启用了随机打乱功能（对于训练集而言）。

4. 自定义数据加载函数

除了使用内置数据集和自定义数据集，我们还可以通过编写自定义的数据加载函数来加载外部数据集。例如，我们可以使用 NumPy 或 Pandas 库来进行加载数据，并将其转换为 PyTorch 张量，如代码 2-36 所示。

代码 2-36

```
import numpy as np

# 加载外部数据集
data = np.load('data.npy')

# 转换为 PyTorch 张量
tensor_data = torch.tensor(data)
```

在代码 2-36 中，我们首先使用 NumPy 库加载了一个名为 data.npy 的外部数据集，然后使用 torch.tensor() 函数将数据转换为 PyTorch 张量。

至此，我们介绍了如何使用 PyTorch 进行数据加载操作。掌握这些知识后，我们将能够更好地处理和加载数据，以用于模型的训练和评估。

2.6.2 数据预处理

数据预处理是深度学习中至关重要的一步，它涉及将原始数据转换为模型可以接受的格式，并进行一系列的处理以提高模型的性能和稳定性。PyTorch 提供了许多工具和函数来进行数据预处理，包括数据标准化、数据增强、缺失值处理等，以确保数据的质量和适用性。

1. 数据标准化

数据标准化是将数据按照一定的比例缩放，使其均值为 0、标准差为 1 的过程。这有助于加速模型的收敛并提高模型的性能。PyTorch 提供了 torchvision.transforms.Normalize 函数来进行数据标准化，如代码 2-37 所示。

代码 2-37

```
import torchvision.transforms as transforms

# 定义数据标准化的转换操作
transform = transforms.Compose([
    transforms.ToTensor(),  # 将数据转换为张量
    transforms.Normalize((0.5,), (0.5,))  # 标准化操作
])

# 转换操作应用到数据集
trainset = datasets.MNIST(root='./data', train=True, download=True, transform=transform)
```

在代码 2-37 中，我们首先定义了一个名为 transform 的转换操作，其中包括将数据转换为张量和进行标准化操作。然后，我们将这个转换操作应用到 MNIST 数据集上，以实现数据标准化的目的。

2. 数据增强

数据增强是通过对原始数据进行一系列随机变换来生成新的训练样本，以增加数据的多样性和数量。PyTorch 提供了 torchvision.transforms 模块来实现常见的数据增强操作，如随机旋转、随机裁剪、随机翻转等，如代码 2-38 所示。

代码 2-38

```
# 定义数据增强的转换操作
transform = transforms.Compose([
    transforms.RandomRotation(10), # 随机旋转角度范围为 ±10 度
    transforms.RandomCrop(28, padding=4), # 随机裁剪并填充
    transforms.RandomHorizontalFlip(), # 随机水平翻转
    transforms.ToTensor(), # 将数据转换为张量
    transforms.Normalize((0.5,), (0.5,)) # 标准化操作
])

# 数据增强转换操作应用到数据集
trainset = datasets.CIFAR10(root='./data', train=True, download=True, transform=transform)
```

在代码 2-38 中，我们定义了一个包含随机旋转、随机裁剪、随机翻转等操作的转换操作，并将其应用到 CIFAR-10 数据集上，以实现数据增强的目的。

3. 缺失值处理

缺失值处理是在数据中存在缺失值时采取的一系列策略，以确保数据的完整性和准确性。常见的处理方式包括删除缺失值、填充缺失值等。在 PyTorch 中，我们可以使用 torch.utils.data.Dataset 类的子类来自定义数据集，并在 __getitem__() 方法中进行缺失值处理，如代码 2-39 所示。

代码 2-39

```
class CustomDataset(Dataset):
    def __init__(self, data, targets):
        self.data = data
        self.targets = targets

    def __len__(self):
        return len(self.data)

    def __getitem__(self, index):
        x = self.data[index]
        y = self.targets[index]

        # 处理缺失值
        if torch.isnan(x).any():
            x = torch.zeros_like(x) # 填充为零向量

        return x, y
```

在代码 2-39 中，我们定义了一个名为 CustomDataset 的自定义数据集类，其中包含了缺失值处理的逻辑。当数据样本中存在缺失值时，我们将其填充为零向量。

数据预处理是深度学习中不可或缺的一部分，它可以帮助我们提高模型的性能和稳定性。在本小节中，我们介绍了如何使用 PyTorch 进行数据预处理，包括数据标准化、数据增强、缺失值处理等操作。掌握这些技巧后，就能够更好地处理和准备数据，以用于模型的训练和评估。

2.7 PyTorch模型训练与评估

在机器学习和深度学习中，模型的训练和评估是至关重要的步骤。PyTorch 提供了灵活且强大的用以进行模型训练和评估操作的工具，包括定义损失函数、选择优化器、设置训练周期、监控模型性能等。本节将介绍如何使用 PyTorch 进行模型的训练和评估操作，并探讨一些常见的技巧和策略。

2.7.1 模型训练

模型训练是深度学习中的核心步骤之一，它通过迭代优化模型参数，使模型能够从数据中学习并提高性能。在 PyTorch 中，模型训练通常包括以下几个步骤：准备数据、定义模型、选择损失函数和优化器、迭代训练，以及监控训练过程。本小节将详细介绍如何使用 PyTorch 进行模型训练，并讨论一些常见的技巧和注意事项。

1. 准备数据

在进行模型训练之前，首先需要准备好训练数据和测试数据。PyTorch 提供了 torch.utils.data 模块，其中包含了许多用于数据加载和处理的工具。通常，我们可以使用 torch.utils.data.Dataset 和 torch.utils.data.DataLoader 来加载和组织数据，如代码 2-40 所示。

代码 2-40

```
import torch
from torchvision import datasets, transforms

# 定义数据变换方法
transform = transforms.Compose([
    transforms.ToTensor(),
    transforms.Normalize((0.5,), (0.5,))
])

# 加载训练数据集
trainset = datasets.MNIST('data/', train=True, download=True, transform=transform)
trainloader = torch.utils.data.DataLoader(trainset, batch_size=64, shuffle=True)
```

```
# 加载测试数据集
testset = datasets.MNIST('data/', train=False, download=True, transform=transform)
testloader = torch.utils.data.DataLoader(testset, batch_size=64, shuffle=False)
```

在代码 2-40 中，我们使用了 MNIST 手写数字数据集作为示例数据集，并定义了数据变换方法 transform，将图像数据转换为 Tensor 并进行归一化处理。然后，我们使用 datasets.MNIST 加载了训练集和测试集，并使用 DataLoader 将数据集封装成可迭代的数据加载器，以便在后续的模型训练过程中使用。

2. 定义模型

在 PyTorch 中，我们可以通过定义 torch.nn.Module 的子类来构建自己的神经网络模型，如代码 2-41 所示。

代码 2-41

```python
import torch.nn as nn
import torch.nn.functional as F

# 定义神经网络模型
class Net(nn.Module):
    def __init__(self):
        super(Net, self).__init__()
        self.fc1 = nn.Linear(28*28, 128)
        self.fc2 = nn.Linear(128, 10)
    def forward(self, x):
        x = x.view(-1, 28*28)
        x = F.relu(self.fc1(x))
        x = self.fc2(x)
        return x

# 实例化模型
model = Net()
```

在代码 2-41 中，我们定义了一个简单的全连接神经网络模型，包括一个输入层（fc1）、一个隐藏层（使用 ReLU 激活函数）和一个输出层（fc2）。模型的前向传播过程定义在 forward 方法中，其中使用 view 方法将输入数据展平成一维向量，然后经过各个全连接层。

3. 选择损失函数和优化器

在模型训练过程中，我们需要选择合适的损失函数来衡量模型输出与真实标签之间的差异，并选择合适的优化器来更新模型参数以减小损失函数。常见的损失函数包括交叉熵损失、均方误差等，常见的优化器包括随机梯度下降（SGD）、Adam、RMSprop 等。损失函数和优化器的定义如代码 2-42 所示。

代码 2-42

```
import torch.optim as optim

# 定义损失函数和优化器
criterion = nn.CrossEntropyLoss()
optimizer = optim.SGD(model.parameters(), lr=0.01, momentum=0.9)
```

在代码 2-42 中，我们使用了交叉熵损失函数和随机梯度下降优化器，并将模型参数和学习率等参数传递给优化器。

4. 迭代训练

接下来，我们通过迭代训练的方式来更新模型参数。通常，一个训练周期（epoch）表示将整个训练数据集通过模型进行一次前向传播和反向传播的过程。我们可以通过多个训练周期来逐步提高模型性能，如代码 2-43 所示。

代码 2-43

```
# 设置训练周期
epochs = 5

# 开始训练
for epoch in range(epochs):
    running_loss = 0.0
    for i, data in enumerate(trainloader, 0):
        inputs, labels = data
        # 梯度清零
        optimizer.zero_grad()

        # 前向传播
        outputs = model(inputs)
        loss = criterion(outputs, labels)

        # 反向传播和优化
        loss.backward()
        optimizer.step()

        # 统计损失
        running_loss += loss.item()
        if i % 100 == 99:
            print(f"[Epoch {epoch+1}, Iteration {i+1}] Loss: {running_loss/100:.3f}")
            running_loss = 0.0

print("Finished Traini
```

代码 2-43 输出结果如下：

```
[Epoch 1, Iteration 100] Loss: 0.970
[Epoch 1, Iteration 200] Loss: 0.430
[Epoch 1, Iteration 300] Loss: 0.374
[Epoch 1, Iteration 400] Loss: 0.344
[Epoch 1, Iteration 500] Loss: 0.309
[Epoch 1, Iteration 600] Loss: 0.279
[Epoch 1, Iteration 700] Loss: 0.287
[Epoch 1, Iteration 800] Loss: 0.265
[Epoch 1, Iteration 900] Loss: 0.237
[Epoch 2, Iteration 100] Loss: 0.205
[Epoch 2, Iteration 200] Loss: 0.195
[Epoch 2, Iteration 300] Loss: 0.192
[Epoch 2, Iteration 400] Loss: 0.189
[Epoch 2, Iteration 500] Loss: 0.191
[Epoch 2, Iteration 600] Loss: 0.164
[Epoch 2, Iteration 700] Loss: 0.170
[Epoch 2, Iteration 800] Loss: 0.145
[Epoch 2, Iteration 900] Loss: 0.162
[Epoch 3, Iteration 100] Loss: 0.148
[Epoch 3, Iteration 200] Loss: 0.142
[Epoch 3, Iteration 300] Loss: 0.136
[Epoch 3, Iteration 400] Loss: 0.134
[Epoch 3, Iteration 500] Loss: 0.130
[Epoch 3, Iteration 600] Loss: 0.124
[Epoch 3, Iteration 700] Loss: 0.119
[Epoch 3, Iteration 800] Loss: 0.131
[Epoch 3, Iteration 900] Loss: 0.130
[Epoch 4, Iteration 100] Loss: 0.116
[Epoch 4, Iteration 200] Loss: 0.094
[Epoch 4, Iteration 300] Loss: 0.096
[Epoch 4, Iteration 400] Loss: 0.117
[Epoch 4, Iteration 500] Loss: 0.108
[Epoch 4, Iteration 600] Loss: 0.110
[Epoch 4, Iteration 700] Loss: 0.102
[Epoch 4, Iteration 800] Loss: 0.122
[Epoch 4, Iteration 900] Loss: 0.103
[Epoch 5, Iteration 100] Loss: 0.094
[Epoch 5, Iteration 200] Loss: 0.093
[Epoch 5, Iteration 300] Loss: 0.094
[Epoch 5, Iteration 400] Loss: 0.082
[Epoch 5, Iteration 500] Loss: 0.083
[Epoch 5, Iteration 600] Loss: 0.103
[Epoch 5, Iteration 700] Loss: 0.086
[Epoch 5, Iteration 800] Loss: 0.088
```

```
[Epoch 5, Iteration 900] Loss: 0.093
Finished Training
```

在代码 2-43 中,我们使用了一个嵌套的循环来遍历训练数据加载器中的每个批次数据,并对模型进行训练。在每个批次数据上,我们首先将梯度清零,然后进行前向传播、反向传播和优化、统计损失等步骤。同时,我们统计了每 100 个批次数据的平均损失,并打印出来以监控训练过程。

5. 模型评估

模型训练完成后,我们需要对模型进行评估,以了解模型在测试集上的性能表现。通常,我们可以使用准确率等指标来评价模型的性能,如代码 2-44 所示。

代码 2-44

```python
correct = 0
total = 0

# 关闭梯度计算
with torch.no_grad():
    for inputs, labels in testloader:
        outputs = model(inputs)
        _, predicted = torch.max(outputs, 1)
        total += labels.size(0)
        correct += (predicted == labels).sum().item()

accuracy = correct / total
print(f"Accuracy on test set: {accuracy}")
```

代码 2-44 输出结果如下:

```
Accuracy on test set: 0.973
```

在代码 2-44 中,我们首先定义了 correct 和 total 两个变量来统计模型在测试集上预测正确的样本数和总样本数。然后,我们通过遍历测试数据加载器的方式对模型进行评估。在评估过程中,我们关闭了梯度计算,以提高计算效率。最后,我们计算并打印出模型在测试集上的准确率。

模型训练是深度学习中的重要环节之一,它直接影响着模型的性能和泛化能力。通过本小节的学习,读者应该对使用 PyTorch 进行模型训练有了更深入的了解。在实践中,读者可以根据具体的问题和数据集选择合适的模型架构、损失函数和优化器,并通过多次迭代训练和模型评估来逐步提升模型的性能。

2.7.2 模型评估

模型评估是深度学习中至关重要的一步,它用于衡量训练得到的模型在未"见过"的数据上的性能表现。在 PyTorch 中，模型评估通常包括准确率、精确度、召回率、F1 分数等指标的计算，以及混淆矩阵、ROC 曲线、PR 曲线等性能可视化手段的应用。本小节将详细介绍如何使用 PyTorch 对模型进行评估，并探讨一些常见的评估指标和可视化方法。

1. 准备测试数据

在进行模型评估之前，首先需要准备测试数据集。通常，测试数据集应该与训练数据集保持一致的数据分布，以确保评估结果的可靠性。在 PyTorch 中，我们可以通过 torch.utils.data.DataLoader 加载测试数据集，然后将其输入模型进行预测，如代码 2-45 所示。

代码 2-45

```
import torch
import torch.nn as nn
from torch.utils.data import DataLoader
from torchvision.datasets import MNIST
from torchvision.transforms import ToTensor

# 加载测试数据集
test_dataset = MNIST(root='data/', train=False, transform=ToTensor(), download=True)
test_loader = DataLoader(test_dataset, batch_size=64, shuffle=False)
```

在代码 2-45 中，我们使用了 MNIST 手写数字数据集作为测试数据集，并将其加载到名为 test_loader 的数据加载器中，以便后续的模型评估过程中使用。

2. 模型预测

在评估模型性能之前，我们需要使用训练好的模型对测试数据进行预测。通过将测试数据输入到模型中，并获取模型的预测结果，我们可以计算出模型在测试集上的预测准确率等指标，如代码 2-46 所示。

代码 2-46

```
def evaluate_model(model, test_loader):
    model.eval()  # 设置模型为评估模式
    correct = 0
    total = 0
    with torch.no_grad():
        for images, labels in test_loader:
            outputs = model(images)
            _, predicted = torch.max(outputs, 1)
            total += labels.size(0)
            correct += (predicted == labels).sum().item()
    accuracy = correct / total
    print(f"Accuracy on test set: {accuracy:.4f}")
```

```
# 调用评估函数
evaluate_model(model, test_loader)
```

代码 2-46 输出结果如下：

```
Accuracy on test set: 0.9498
```

在代码 2-46 中，我们定义了一个 evaluate_model 函数，用于计算模型在测试集上的准确率。在函数中，我们首先将模型设置为评估模式（通过调用 model.eval()），然后遍历测试数据加载器中的每个批次数据，并对模型进行预测。最后，我们计算并打印出模型在测试集上的准确率。

3. 其他评估指标

除了准确率，模型评估还可以使用其他指标来衡量模型的性能，例如，精确度、召回率、F1 分数等。这些指标通常用于评估模型在不同类别上的表现。PyTorch 提供了许多计算这些指标的函数，如 sklearn.metrics 模块中的函数，如代码 2-47 所示。

代码 2-47

```
from sklearn.metrics import precision_score, recall_score, f1_score

def evaluate_metrics(model, test_loader):
    model.eval()  # 设置模型为评估模式
    y_true = []
    y_pred = []
    with torch.no_grad():
        for images, labels in test_loader:
            outputs = model(images)
            _, predicted = torch.max(outputs, 1)
            y_true.extend(labels.numpy())
            y_pred.extend(predicted.numpy())
    precision = precision_score(y_true, y_pred, average='weighted')
    recall = recall_score(y_true, y_pred, average='weighted')
    f1 = f1_score(y_true, y_pred, average='weighted')
    print(f"Precision: {precision:.4f}, Recall: {recall:.4f}, F1 Score: {f1:.4f}")

# 调用评估函数
evaluate_metrics(model, test_loader)
```

代码 2-47 输出结果如下：

```
Precision: 0.9637, Recall: 0.9630, F1 Score: 0.9629
```

在代码 2-47 中，我们首先将模型设置为评估模式，然后遍历测试数据加载器中的每个批次数据，并获取模型的预测结果。最后，我们使用 precision_score、 recall_score 和 f1_score 函数计算模型在测试集上的精确度、召回率和 F1 分数。

4．性能可视化

除了计算评估指标，我们还可以通过绘制混淆矩阵、ROC 曲线、PR 曲线等性能可视化手段来直观地展示模型在不同类别上的表现。在 PyTorch 中，我们可以使用 sklearn.metrics 模块中的函数计算混淆矩阵，并使用 Matplotlib 库绘制可视化图形，如代码 2-48 所示。

代码 2-48

```python
import numpy as np
import matplotlib.pyplot as plt
from sklearn.metrics import confusion_matrix
import seaborn as sns

def plot_confusion_matrix(model, test_loader):
    model.eval()  # 设置模型为评估模式
    y_true = []
    y_pred = []
    with torch.no_grad():
        for images, labels in test_loader:
            outputs = model(images)
            _, predicted = torch.max(outputs, 1)
            y_true.extend(labels.numpy())
            y_pred.extend(predicted.numpy())
    cm = confusion_matrix(y_true, y_pred)
    plt.figure(figsize=(8, 6))
    sns.heatmap(cm, annot=True, cmap='Blues', fmt='g', xticklabels=np.arange(10), yticklabels=np.arange(10))
    plt.xlabel('Predicted')
    plt.ylabel('True')
    plt.title('Confusion Matrix')
    plt.show()

# 调用函数绘制混淆矩阵
plot_confusion_matrix(model, test_loader)
```

代码 2-48 输出结果如图 2-2 所示。

在代码 2-48 中，我们首先将模型设置为评估模式，然后遍历测试数据加载器中的每个批次数据，并获取模型的预测结果。然后，我们使用 confusion_matrix 函数计算模型在测试集上的混淆矩阵，并使用 seaborn 库绘制热力图展示混淆矩阵。

模型评估是深度学习中不可或缺的一环，它帮助我们了解模型在未"见过"的数据上的性能表现，并指导我们进一步优化模型。通过本小节的学习，读者应该掌握了使用 PyTorch 进行模型评估的基本方法，包括计算评估指标、绘制性能可视化图形等技巧。在实践中，读者可以根据具体问题和数据集选择合适的评估指标和可视化方法，以全面评估模型的性能。

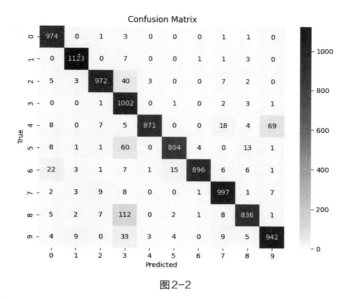

图2-2

2.8 PyTorch模型保存与加载

在深度学习模型的开发过程中，我们经常需要保存和加载模型以便在不同的环境中使用或继续训练。PyTorch 提供了方便的方法来保存和加载模型，包括保存模型的参数、状态字典或整个模型的结构。本节将介绍如何使用 PyTorch 保存和加载模型，并讨论一些常见的场景和注意事项。

2.8.1 模型的保存

在深度学习中，保存模型是非常重要的，特别是当我们在训练模型时需要保存模型的状态以便在训练过程中进行检查点保存，或者在训练完成后保存模型以便后续部署和使用。PyTorch 提供了简单而灵活的方法来保存模型，包括保存模型的参数（状态字典）或整个模型的结构。在本小节中，我们将深入探讨如何使用 PyTorch 保存和加载模型参数，以及一些常见的注意事项。

1. 保存模型参数

保存模型参数是最常见的情况之一。模型的参数通常是我们在训练过程中用到的权重和偏置。在 PyTorch 中，我们可以使用 torch.save() 函数保存模型的状态字典，然后使用 torch.load() 函数加载这些状态字典，如代码 2-49 所示。

代码 2-49

```
import torch
import torch.nn as nn
```

```
# 定义一个简单的神经网络模型
class SimpleModel(nn.Module):
    def __init__(self):
        super(SimpleModel, self).__init__()
        self.fc = nn.Linear(10, 5)

    def forward(self, x):
        return self.fc(x)

# 创建模型实例
model = SimpleModel()

# 保存模型参数
torch.save(model.state_dict(), 'model_params.pth')
```

运行代码 2-49 之后，就可以在目录下看到一个 model_params.pth 文件，这就是我们保存下来的参数文件。在这个示例中，我们定义了一个简单的神经网络模型 SimpleModel，并创建了一个模型实例 model。然后，我们使用 torch.save() 函数保存模型的状态字典（模型的参数）到名为 model_params.pth 的文件中。

2．加载模型参数

一旦我们保存了模型的参数，我们可以使用 torch.load() 函数加载这些参数，并将它们加载到另一个模型实例中，如代码 2-50 所示。

代码 2-50

```
# 加载模型参数
loaded_model = SimpleModel()
loaded_model.load_state_dict(torch.load('model_params.pth'))
```

通过这种方式，我们可以在训练模型的不同阶段保存和加载模型的参数，以便于恢复训练、迁移学习等操作。

3．注意事项

在保存和加载模型参数时，需要注意以下几点。

- 文件路径：确保指定的文件路径是存在的，并且具有正确的文件名和扩展名。
- 模型结构：加载模型参数时，确保加载的模型结构与保存参数的模型结构完全一致，否则会出现维度不匹配的错误。
- 模型状态：确保加载的模型参数与加载模型所需的模型类的参数名称匹配。

2.8.2　模型的加载

在机器学习和深度学习中，加载模型是一个至关重要的步骤。加载模型意味着将之前训练好的模型参数或整个模型结构重新加载到内存中，以便于进行推理、继续训练或者进行模型微调。PyTorch 提供了灵活而简单的方式来加载模型，包括加载模型参数和加载整个模型结构。在本小节中，我们将深入研究如何使用 PyTorch 加载模型、加载整个模型，以及一些相关注意事项。

1. 加载模型参数

当我们在训练过程中保存了模型的参数之后，可以使用 torch.load() 函数加载这些参数，并将它们加载到一个模型实例中，如代码 2-51 所示。

代码 2-51

```python
import torch
import torch.nn as nn

# 定义一个简单的神经网络模型
class SimpleModel(nn.Module):
    def __init__(self):
        super(SimpleModel, self).__init__()
        self.fc = nn.Linear(10, 5)

    def forward(self, x):
        return self.fc(x)

# 创建模型实例
model = SimpleModel()

# 加载模型参数
model.load_state_dict(torch.load('model_params.pth'))
```

在代码 2-51 中，我们定义了一个简单的神经网络模型 SimpleModel，然后创建了一个模型实例 model。接着，我们使用 torch.load() 函数加载了之前保存的模型参数，并使用 load_state_dict() 方法将参数加载到模型实例中。

2. 加载整个模型

除了加载模型参数，有时我们还需要加载整个模型的结构，包括模型的架构、参数和其他状态。这在模型迁移、模型微调或者模型部署时会很有用。模型加载如代码 2-52 所示。

代码 2-52

```python
# 加载整个模型
loaded_model = torch.load('entire_model.pth')
```

这里，我们使用 torch.load() 函数直接加载了保存的整个模型，包括模型的架构、参数和其他状态。加载后的模型可以直接用于推理或者继续训练。

3. 注意事项

在加载模型时，我们需要注意以下几点。

- 文件路径：确保指定的文件路径是存在的，并且具有正确的文件名和扩展名。
- 模型结构：加载整个模型时，确保加载的模型结构与保存模型时的模型结构完全一致，否则会出现维度不匹配的错误。
- 模型参数：加载整个模型时，模型的参数也会被加载，因此不需要单独加载模型参数。

2.9 小结

本章简要介绍了 PyTorch 的基本概念和操作方法，例如，张量操作、自动求导机制和模型训练等。掌握这些知识有助于我们理解和实现 RAG 模型的训练过程，以及进行模型的调试和优化。

为了成功实践基于 RAG 的大模型文档搜索，我们需要掌握几个关键领域的基础知识。具体而言，这些领域包括如下。

（1）深度学习基础：了解深度学习的基本概念和操作方法，例如，神经网络结构、自动求导机制和模型训练等。掌握这些知识有助于我们理解和实现 RAG 模型的训练过程，以及进行模型的调试和优化。

（2）自然语言处理基础：熟悉自然语言处理的基本技术和方法，例如，文本预处理、词向量表示和语言模型等。这些知识是构建和优化 RAG 模型的重要前提，能够帮助我们处理和理解文档中的文本信息。

（3）Web 可视化：掌握 Web 可视化的基本原理和方法，例如，数据可视化技术、交互式图表和前端开发等。了解这些技术能够帮助我们在构建文档搜索系统时，直观展示搜索结果和分析数据，提高用户体验。

在接下来，我们将分别详细介绍这些领域的知识，帮助读者逐步构建和应用基于 RAG 的大模型文档搜索系统。

第 3 章

深度学习基础

3.1 感知机和多层感知机

3.1.1 感知机的原理和结构

感知机（Perceptron）是一种简单而重要的神经网络模型，它是神经网络的基础。感知机由美国心理学家 Frank Rosenblatt 于 1957 年提出，并在 1958 年发表。它是一种二元线性分类器，用于将输入向量划分为两个类别。

感知机的原理基于神经元的工作方式。一个感知机由多个输入特征（x_1, x_2, ..., x_n）以及对应的权重（w_1, w_2, $\cdots$, w_n）组成。它将每个输入特征与对应的权重相乘，然后将所有加权输入求和，再加上一个偏置项（bias），最后通过一个激活函数（activation function）得到输出结果，我们可以用式（3-1）来表示。

$$y = f\left(\sum_{i=1}^{n}(\boldsymbol{w}_i x_i) + b\right) \quad (3\text{-}1)$$

其中，f 是激活函数，b 是偏置项。

如果输出 y 大于某个阈值（如 0），则被分类为一类；否则，被分类为另一类。

感知机的结构包括输入层、权重、偏置项、激活函数和输出。输入层接收来自外部的特征向量，每个特征与权重相乘，再加上偏置项，然后经过激活函数输出结果。常用的激活函数包括阶跃函数（step function）和 sigmoid 函数。在实践中，阶跃函数已经很少使用，而常用的激活函数包括 sigmoid 函数、ReLU 函数（Rectified Linear Unit）和 tanh 函数等。

例如，代码 3-1 是使用 PyTorch 实现一个简单的感知机模型的示例代码。

代码 3-1

```
import torch
import torch.nn as nn

# 定义感知机模型
class Perceptron(nn.Module):
    def __init__(self, input_size):
        super(Perceptron, self).__init__()
        self.fc = nn.Linear(input_size, 1)  # 输入大小为 input_size，输出大小为 1
        self.sigmoid = nn.Sigmoid()          # 使用 sigmoid 作为激活函数
```

```
        def forward(self, x):
            out = self.fc(x)
            out = self.sigmoid(out)
            return out

# 创建感知机模型
input_size = 2 # 输入特征的维度
model = Perceptron(input_size)

# 打印模型结构
print(model)
```

在代码 3-1 中定义了一个简单的感知机模型，输入特征的维度为 2，输出维度为 1。模型中使用了线性层（nn.Linear）和 sigmoid 激活函数（nn.Sigmoid）。

3.1.2 多层感知机的结构和前向传播

多层感知机（Multi-Layer Perceptron，MLP）是一种前馈神经网络模型，由一个输入层、若干个隐藏层和一个输出层组成。每个隐藏层通常包含多个神经元，每个神经元与前一层的所有神经元相连，并且每条连接都有一个权重。隐藏层之间的神经元不相互连接。MLP 通过前向传播进行信息传递和计算，然后通过反向传播进行误差反向传播和权重更新。它的具体结构如下。

（1）输入层（Input Layer）：输入层负责接收外部输入的特征向量，并将其传递给下一层。输入层的神经元数量等于输入特征的维度。

（2）隐藏层（Hidden Layer）：隐藏层是网络的核心部分，负责学习特征的高层表示。每个隐藏层由多个神经元组成，每个神经元与上一层的所有神经元相连，具有权重用于调整输入值的影响。隐藏层可以有一个或多个。

（3）输出层（Output Layer）：输出层负责产生网络的最终输出。输出层的神经元数量通常取决于问题的类型，例如，二分类问题通常有一个神经元，多分类问题有多个神经元。

前向传播是指从输入层到输出层的信息传递和计算过程。在多层感知机中，前向传播的过程如下。

（1）输入层到隐藏层：输入特征经过加权后，通过激活函数得到隐藏层的输出。

（2）隐藏层到隐藏层（如果有多个隐藏层）：隐藏层的输出作为下一个隐藏层的输入，经过加权和激活函数后得到下一层隐藏层的输出。

（3）最后一个隐藏层到输出层：最后一个隐藏层的输出作为输出层的输入，经过加权和激活函数后得到网络的输出。

（4）输出层：输出层的输出即为网络的最终预测结果。

代码 3-2 是一个简单的多层感知机模型的 PyTorch 实现例子。

代码 3-2

```python
import torch
import torch.nn as nn

class MLP(nn.Module):
    def __init__(self, input_size, hidden_size, output_size):
        super(MLP, self).__init__()
        self.fc1 = nn.Linear(input_size, hidden_size)  # 第一个全连接层，输入维度为
                                                        # input_size，输出维度为 hidden_size

        self.relu = nn.ReLU()  # ReLU 激活函数
        self.fc2 = nn.Linear(hidden_size, output_size)  # 第二个全连接层，输入维度为
                                                         # hidden_size，输出维度为 output_size

    def forward(self, x):
        out = self.fc1(x)       # 输入经过第一个全连接层
        out = self.relu(out)    # 经过 ReLU 激活函数
        out = self.fc2(out)     # 再经过第二个全连接层
        return out

# 创建一个输入维度为 10，隐藏层维度为 20，输出维度为 1 的多层感知机模型
model = MLP(input_size=10, hidden_size=20, output_size=1)
print(model)  # 打印模型结构
```

代码 3-2 中定义了一个具有一个隐藏层的简单多层感知机模型。输入维度为 10，隐藏层维度为 20，输出维度为 1。模型中使用了两个线性层（nn.Linear）和 ReLU 激活函数（nn.ReLU）。

3.1.3 多层感知机的训练算法

在介绍多层感知机的训练算法之前，我们首先要了解什么是反向传播（Backpropagation）算法，因为反向传播是训练多层神经网络的核心算法之一。

反向传播算法是一种有效的梯度下降方法，用于训练多层神经网络。它通过计算损失函数对每个参数的梯度，然后沿着梯度的反方向更新参数，从而最小化损失函数。反向传播算法的步骤如下。

（1）前向传播（Forward Propagation）：将输入样本通过神经网络进行前向传播，计算每一层的输出。

（2）计算损失（Compute Loss）：使用损失函数计算模型的预测值与真实标签之间的差异，得到损失值。

（3）反向传播误差（Backward Propagate Error）：从输出层向输入层逆向传播误差，计算每一层的梯度。

（4）更新参数（Update Parameters）：使用梯度下降法或其他优化算法，沿着梯度的反方向更新每个参数，减小损失函数的值。

反向传播算法的关键是计算每一层的梯度，这可以使用链式法则来实现。在每一层，梯度都是上一层梯度与该层的局部梯度的乘积。代码 3-3 是一个简单的多层感知机模型的训练示例。

代码 3-3

```python
import torch
import torch.nn as nn
import torch.optim as optim

# 定义多层感知机模型
class MLP(nn.Module):
    def __init__(self, input_size, hidden_size, output_size):
        super(MLP, self).__init__()
        self.fc1 = nn.Linear(input_size, hidden_size)  # 第一个全连接层，输入维度为
                                                        # input_size，输出维度为 hidden_size
        self.relu = nn.ReLU()  # ReLU 激活函数
        self.fc2 = nn.Linear(hidden_size, output_size)  # 第二个全连接层，输入维度为
                                                         # hidden_size，输出维度为 output_size

    def forward(self, x):
        out = self.fc1(x)      # 输入经过第一个全连接层
        out = self.relu(out)   # 经过 ReLU 激活函数
        out = self.fc2(out)    # 再经过第二个全连接层
        return out

# 准备数据
input_size = 10
hidden_size = 20
output_size = 1
num_samples = 100
x = torch.randn(num_samples, input_size)   # 输入数据
y = torch.randn(num_samples, output_size)  # 真实标签

# 创建模型、损失函数和优化器
model = MLP(input_size, hidden_size, output_size)
criterion = nn.MSELoss()  # 均方误差损失函数
optimizer = optim.SGD(model.parameters(), lr=0.01)  # 随机梯度下降优化器

# 训练模型
num_epochs = 100
for epoch in range(num_epochs):
    # 前向传播
    outputs = model(x)
```

```
loss = criterion(outputs, y)

# 反向传播
optimizer.zero_grad()  # 梯度清零
loss.backward()  # 反向传播
optimizer.step()  # 更新参数

# 每 10 个 epoch 打印一次损失值
if (epoch+1) % 10 == 0:
    print('Epoch [{}/{}], Loss: {:.4f}'.format(epoch+1, num_epochs, loss.item()))
```

代码 3-3 输出结果如下：

```
Epoch [10/100], Loss: 0.9252
Epoch [20/100], Loss: 0.8849
Epoch [30/100], Loss: 0.8609
Epoch [40/100], Loss: 0.8444
Epoch [50/100], Loss: 0.8320
Epoch [60/100], Loss: 0.8218
Epoch [70/100], Loss: 0.8130
Epoch [80/100], Loss: 0.8054
Epoch [90/100], Loss: 0.7985
Epoch [100/100], Loss: 0.7919
```

代码 3-3 演示了如何使用 PyTorch 构建一个简单的多层感知机模型，并通过反向传播算法进行训练。在训练过程中，我们使用了均方误差损失函数和随机梯度下降优化器。

3.2 卷积神经网络

3.2.1 卷积层和池化层

卷积神经网络（Convolutional Neural Networks，CNN）是一种专门用于处理网格结构数据的深度学习模型，广泛应用于图像和视频处理领域。卷积层（Convolutional Layer）是 CNN 的核心组件之一，它通过卷积操作提取输入数据的特征。卷积层由多个卷积核组成，每个卷积核都是一个小的可学习的滤波器。在卷积操作中，卷积核在输入数据上滑动（注，滑动窗口：卷积核在输入数据上按照一定的步长（Stride）滑动，对每个位置进行卷积操作，生成特征图（Feature Map）。并在每个位置上与输入数据进行卷积操作。通过这种方式，卷积核能够提取出输入数据中的局部特征。具体而言，卷积操作可以用式（3-2）表示：

$$y[i, j] = (fx)[i, j] = \sum_m \sum_n f[m, n] \cdot x[i-m, j-n] \tag{3-2}$$

其中：
- $y[i, j]$ 是卷积操作的输出。
- f 是卷积核。
- x 是输入数据。
- m 和 n 是卷积核的坐标。

接下来，我们用代码 3-4 来实现一个简单的卷积层代码。

代码 3-4

```python
import torch
import torch.nn as nn

# 定义卷积层
class ConvolutionalLayer(nn.Module):
    def __init__(self, in_channels, out_channels, kernel_size, stride, padding):
        super(ConvolutionalLayer, self).__init__()
        self.conv = nn.Conv2d(in_channels, out_channels, kernel_size, stride, padding)

    def forward(self, x):
        out = self.conv(x)
        return out

# 准备数据
batch_size = 1
in_channels = 3        # 输入数据的通道数（RGB 图像通道数为 3）
input_height = 32      # 输入数据的高度
input_width = 32       # 输入数据的宽度
input_data = torch.randn(batch_size, in_channels, input_height, input_width)  # 输入数据

# 创建卷积层
out_channels = 16      # 输出通道数
kernel_size = 3        # 卷积核大小
stride = 1             # 步长
padding = 1            # 填充
conv_layer = ConvolutionalLayer(in_channels, out_channels, kernel_size, stride, padding)

# 前向传播
output_data = conv_layer(input_data)
print("Output shape:", output_data.shape)
```

代码 3-4 输出结果如下：

```
Output shape: torch.Size([1, 16, 32, 32])
```

代码 3-4 演示了如何使用 PyTorch 创建一个简单的卷积层，并对输入数据进行卷积操作。在这个示例中，我们创建了一个具有 16 个输出通道的卷积层，使用了

3×3 大小的卷积核，并且进行了 1 个像素的填充和 1 个像素的步长。

接下来，我们学习 CNN 中的另一个重要组件——池化层，它通过降采样操作减少输入数据的空间维度，从而减少模型的计算量和参数数量。池化操作通常分为最大池化和平均池化两种方式。在池化操作中，池化核在输入数据的局部区域上滑动，并对该区域的数据进行池化操作。最大池化取该区域中的最大值作为池化结果，而平均池化取该区域中的平均值作为池化结果。池化操作我们可以通过式（3-3）来表示（以最大池化为例）：

$$y[i, j] = \max_{m,n} x[i \cdot s + m, j \cdot s + n] \qquad (3\text{-}3)$$

其中：

-$y[i, j]$ 是池化操作的输出。

-s 是步长（stride）。

-m 和 n 是池化核的坐标。

代码 3-5 是一个简单的最大池化层的示例代码。

代码 3-5

```
import torch
import torch.nn as nn

# 定义池化层
class MaxPoolingLayer(nn.Module):
    def __init__(self, kernel_size, stride):
        super(MaxPoolingLayer, self).__init__()
        self.pool = nn.MaxPool2d(kernel_size, stride)

    def forward(self, x):
        out = self.pool(x)
        return out

# 创建池化层
kernel_size = 2  # 池化核大小
stride = 2       # 步长
pool_layer = MaxPoolingLayer(kernel_size, stride)

# 前向传播
output_data = pool_layer(output_data)
print("Output shape after max pooling:", output_data.shape)
```

代码 3-5 输出结果为：

```
Output shape after max pooling: torch.Size([1, 16, 16, 16])
```

代码 3-5 演示了如何使用 PyTorch 创建一个简单的最大池化层，并对输入数据进行最大池化操作。在这个示例中，我们创建了一个 2×2 大小的最大池化层，并且进行了 2 个像素的步长。

在过去几十年的发展中，许多经典的 CNN 结构被提出并取得了显著的成果。其中一些典型结构包括 LeNet、AlexNet、VGG 和 ResNet 等。本小节将介绍这些经典 CNN 结构的主要特点和应用情况。

1. LeNet

LeNet 是由 Yann LeCun 等人于 1998 年提出的第一个卷积神经网络模型，用于手写数字识别任务。它包含了卷积层、池化层和全连接层，并采用了交替的卷积和池化操作。LeNet 的主要特点包括。

- 结构简单：LeNet 包含了两个卷积层和 3 个全连接层，总体结构相对简单。
- 用途广泛：虽然最初设计用于手写数字识别，但 LeNet 的结构启发了后续更复杂 CNN 结构的设计，因此具有重要的历史意义。

代码 3-6 展示了 LeNet 的基础结构。

代码 3-6

```python
import torch
import torch.nn as nn

# LeNet
class LeNet(nn.Module):
    def __init__(self):
        super(LeNet, self).__init__()
        self.conv1 = nn.Conv2d(1, 6, 5)
        self.conv2 = nn.Conv2d(6, 16, 5)
        self.fc1 = nn.Linear(16 * 5 * 5, 120)
        self.fc2 = nn.Linear(120, 84)
        self.fc3 = nn.Linear(84, 10)

    def forward(self, x):
        x = nn.functional.relu(self.conv1(x))
        x = nn.functional.max_pool2d(x, 2)
        x = nn.functional.relu(self.conv2(x))
        x = nn.functional.max_pool2d(x, 2)
        x = x.view(-1, self.num_flat_features(x))
        x = nn.functional.relu(self.fc1(x))
        x = nn.functional.relu(self.fc2(x))
        x = self.fc3(x)
        return x
```

```
# 定义模型
model = LeNet()
print(model)
```

代码 3-6 输出结果如下：

```
LeNet(
    (conv1): Conv2d(1, 6, kernel_size=(5, 5), stride=(1, 1))
    (conv2): Conv2d(6, 16, kernel_size=(5, 5), stride=(1, 1))
    (fc1): Linear(in_features=400, out_features=120, bias=True)
    (fc2): Linear(in_features=120, out_features=84, bias=True)
    (fc3): Linear(in_features=84, out_features=10, bias=True)
)
```

2. AlexNet

AlexNet 是由 Alex Krizhevsky 等人于 2012 年提出的 CNN 模型，通过在 ImageNet Large Scale Visual Recognition Challenge（ILSVRC）比赛中取得了显著的成绩而广为人知。AlexNet 相对于 LeNet 的主要改进包括如下几项。

- 深度增加：AlexNet 包含了 8 个卷积层和 3 个全连接层，相比 LeNet 更深。
- 使用 ReLU 激活函数：AlexNet 引入了 ReLU 激活函数，避免了梯度消失问题，加速了模型的训练过程。
- 使用 Dropout 技术：为了防止过拟合，AlexNet 在全连接层中使用了 Dropout 技术。

代码 3-7 展示了 AlexNet 的基础结构。

代码 3-7

```
import torch
import torch.nn as nn

# AlexNet
class AlexNet(nn.Module):
    def __init__(self):
        super(AlexNet, self).__init__()
        self.features = nn.Sequential(
            nn.Conv2d(3, 64, kernel_size=11, stride=4, padding=2),
            nn.ReLU(inplace=True),
            nn.MaxPool2d(kernel_size=3, stride=2),
            nn.Conv2d(64, 192, kernel_size=5, padding=2),
            nn.ReLU(inplace=True),
            nn.MaxPool2d(kernel_size=3, stride=2),
            nn.Conv2d(192, 384, kernel_size=3, padding=1),
            nn.ReLU(inplace=True),
            nn.Conv2d(384, 256, kernel_size=3, padding=1),
            nn.ReLU(inplace=True),
```

```
                nn.Conv2d(256, 256, kernel_size=3, padding=1),
                nn.ReLU(inplace=True),
                nn.MaxPool2d(kernel_size=3, stride=2),
            )
            self.classifier = nn.Sequential(
                nn.Dropout(),
                nn.Linear(256 * 6 * 6, 4096),
                nn.ReLU(inplace=True),
                nn.Dropout(),
                nn.Linear(4096, 4096),
                nn.ReLU(inplace=True),
                nn.Linear(4096, 1000),
            )

    def forward(self, x):
        x = self.features(x)
        x = torch.flatten(x, 1)
        x = self.classifier(x)
        return x

# 定义模型
model = AlexNet()
print(model)
```

代码 3-7 输出结果如下：

```
AlexNet(
  (features): Sequential(
    (0): Conv2d(3, 64, kernel_size=(11, 11), stride=(4, 4), padding=(2, 2))
    (1): ReLU(inplace=True)
    (2): MaxPool2d(kernel_size=3, stride=2, padding=0, dilation=1, ceil_mode=False)
    (3): Conv2d(64, 192, kernel_size=(5, 5), stride=(1, 1), padding=(2, 2))
    (4): ReLU(inplace=True)
    (5): MaxPool2d(kernel_size=3, stride=2, padding=0, dilation=1, ceil_mode=False)
    (6): Conv2d(192, 384, kernel_size=(3, 3), stride=(1, 1), padding=(1, 1))
    (7): ReLU(inplace=True)
    (8): Conv2d(384, 256, kernel_size=(3, 3), stride=(1, 1), padding=(1, 1))
    (9): ReLU(inplace=True)
    (10): Conv2d(256, 256, kernel_size=(3, 3), stride=(1, 1), padding=(1, 1))
    (11): ReLU(inplace=True)
    (12): MaxPool2d(kernel_size=3, stride=2, padding=0, dilation=1, ceil_mode=False)
  )
  (classifier): Sequential(
    (0): Dropout(p=0.5, inplace=False)
    (1): Linear(in_features=9216, out_features=4096, bias=True)
    (2): ReLU(inplace=True)
    (3): Dropout(p=0.5, inplace=False)
```

```
(4): Linear(in_features=4096, out_features=4096, bias=True)
(5): ReLU(inplace=True)
(6): Linear(in_features=4096, out_features=1000, bias=True)

    )
)
```

3. VGG

VGG 是由 Karen Simonyan 和 Andrew Zisserman 于 2014 年提出的 CNN 模型，其主要特点是网络结构非常统一和深层。VGG 的主要特点包括如下。

- 统一的结构：VGG 包含了多个 3×3 大小的卷积核和池化核，连续堆叠的卷积层和池化层使网络结构非常统一。
- 深度：VGG 通过增加网络深度来提高性能，提出了 VGG16 和 VGG19 等不同深度的网络结构。

代码 3-8 展示了 VGG 的基础结构。

代码 3-8

```
import torch
import torch.nn as nn

# 定义 VGG 网络的特征提取部分
features = nn.Sequential(
    nn.Conv2d(3, 64, kernel_size=3, padding=1),
    nn.ReLU(True),
    nn.Conv2d(64, 64, kernel_size=3, padding=1),
    nn.ReLU(True),
    nn.MaxPool2d(kernel_size=2, stride=2),
    nn.Conv2d(64, 128, kernel_size=3, padding=1),
    nn.ReLU(True),
    nn.Conv2d(128, 128, kernel_size=3, padding=1),
    nn.ReLU(True),
    nn.MaxPool2d(kernel_size=2, stride=2),
    nn.Conv2d(128, 256, kernel_size=3, padding=1),
    nn.ReLU(True),
    nn.Conv2d(256, 256, kernel_size=3, padding=1),
    nn.ReLU(True),
    nn.Conv2d(256, 256, kernel_size=3, padding=1),
    nn.ReLU(True),
    nn.MaxPool2d(kernel_size=2, stride=2),
    nn.Conv2d(256, 512, kernel_size=3, padding=1),
    nn.ReLU(True),
    nn.Conv2d(512, 512, kernel_size=3, padding=1),
    nn.ReLU(True),
    nn.Conv2d(512, 512, kernel_size=3, padding=1),
```

```
        nn.ReLU(True),
        nn.MaxPool2d(kernel_size=2, stride=2),
        nn.Conv2d(512, 512, kernel_size=3, padding=1),
        nn.ReLU(True),
        nn.Conv2d(512, 512, kernel_size=3, padding=1),
        nn.ReLU(True),
        nn.Conv2d(512, 512, kernel_size=3, padding=1),
        nn.ReLU(True),
        nn.MaxPool2d(kernel_size=2, stride=2),
)

# VGG
class VGG(nn.Module):
    def __init__(self, features, num_classes=1000, init_weights=True):
        super(VGG, self).__init__()
        self.features = features
        self.avgpool = nn.AdaptiveAvgPool2d((7, 7))
        self.classifier = nn.Sequential(
            nn.Linear(512 * 7 * 7, 4096),
            nn.ReLU(True),
            nn.Dropout(),
            nn.Linear(4096, 4096),
            nn.ReLU(True),
            nn.Dropout(),
            nn.Linear(4096, num_classes),
        )

    def forward(self, x):
        x = self.features(x)
        x = self.avgpool(x)
        x = torch.flatten(x, 1)
        x = self.classifier(x)
        return x

# 实例化 VGG 模型并打印
model = VGG(features)
print(model)
```

代码 3-8 输出结果如下：

```
VGG(
    (features): Sequential(
        (0): Conv2d(3, 64, kernel_size=(3, 3), stride=(1, 1), padding=(1, 1))
        (1): ReLU(inplace=True)
        (2): Conv2d(64, 64, kernel_size=(3, 3), stride=(1, 1), padding=(1, 1))
        (3): ReLU(inplace=True)
```

```
    (4): MaxPool2d(kernel_size=2, stride=2, padding=0, dilation=1, ceil_mode=False)
    (5): Conv2d(64, 128, kernel_size=(3, 3), stride=(1, 1), padding=(1, 1))
    (6): ReLU(inplace=True)
    (7): Conv2d(128, 128, kernel_size=(3, 3), stride=(1, 1), padding=(1, 1))
    (8): ReLU(inplace=True)
    (9): MaxPool2d(kernel_size=2, stride=2, padding=0, dilation=1, ceil_mode=False)
    (10): Conv2d(128, 256, kernel_size=(3, 3), stride=(1, 1), padding=(1, 1))
    (11): ReLU(inplace=True)
    (12): Conv2d(256, 256, kernel_size=(3, 3), stride=(1, 1), padding=(1, 1))
    (13): ReLU(inplace=True)
    (14): Conv2d(256, 256, kernel_size=(3, 3), stride=(1, 1), padding=(1, 1))
    (15): ReLU(inplace=True)
    (16): MaxPool2d(kernel_size=2, stride=2, padding=0, dilation=1, ceil_mode=False)
    (17): Conv2d(256, 512, kernel_size=(3, 3), stride=(1, 1), padding=(1, 1))
    (18): ReLU(inplace=True)
    (19): Conv2d(512, 512, kernel_size=(3, 3), stride=(1, 1), padding=(1, 1))
    (20): ReLU(inplace=True)
    (21): Conv2d(512, 512, kernel_size=(3, 3), stride=(1, 1), padding=(1, 1))
    (22): ReLU(inplace=True)
    (23): MaxPool2d(kernel_size=2, stride=2, padding=0, dilation=1, ceil_mode=False)
    (24): Conv2d(512, 512, kernel_size=(3, 3), stride=(1, 1), padding=(1, 1))
    (25): ReLU(inplace=True)
    (26): Conv2d(512, 512, kernel_size=(3, 3), stride=(1, 1), padding=(1, 1))
    (27): ReLU(inplace=True)
    (28): Conv2d(512, 512, kernel_size=(3, 3), stride=(1, 1), padding=(1, 1))
    (29): ReLU(inplace=True)
    (30): MaxPool2d(kernel_size=2, stride=2, padding=0, dilation=1, ceil_mode=False)
  )
  (avgpool): AdaptiveAvgPool2d(output_size=(7, 7))
  (classifier): Sequential(
    (0): Linear(in_features=25088, out_features=4096, bias=True)
    (1): ReLU(inplace=True)
    (2): Dropout(p=0.5, inplace=False)
    (3): Linear(in_features=4096, out_features=4096, bias=True)
    (4): ReLU(inplace=True)
    (5): Dropout(p=0.5, inplace=False)
    (6): Linear(in_features=4096, out_features=1000, bias=True)
  )
)
```

4. ResNet

ResNet 是由 Kaiming He 等人于 2015 年提出的 CNN 模型，主要解决了深度 CNN 训练过程中的梯度消失和梯度爆炸问题。其主要特点包括如下。

■ 残差连接：ResNet 引入了残差连接，即通过跳过连接，将输入直接添加到输出中，从而允许网络学习残差映射，有助于解决梯度消失和梯度爆炸问题。

■ 深度：ResNet 可以非常轻松地训练非常深的网络，如 ResNet50 和 ResNet101 等。

代码 3-9 展示了 ResNet 的基础结构。

```python
import torch
import torch.nn as nn


# ResNet
class BasicBlock(nn.Module):
    expansion = 1

    def __init__(self, in_planes, planes, stride=1):
        super(BasicBlock, self).__init__()
        self.conv1 = nn.Conv2d(in_planes, planes, kernel_size=3, stride=stride, padding=1, bias=False)
        self.bn1 = nn.BatchNorm2d(planes)
        self.conv2 = nn.Conv2d(planes, planes, kernel_size=3, stride=1, padding=1, bias=False)
        self.bn2 = nn.BatchNorm2d(planes)

        self.shortcut = nn.Sequential()
        if stride != 1 or in_planes != self.expansion * planes:
            self.shortcut = nn.Sequential(
                nn.Conv2d(in_planes, self.expansion * planes, kernel_size=1, stride=stride, bias=False),
                nn.BatchNorm2d(self.expansion * planes)
            )

    def forward(self, x):
        out = nn.functional.relu(self.bn1(self.conv1(x)))
        out = self.bn2(self.conv2(out))
        out += self.shortcut(x)
        out = nn.functional.relu(out)
        return out

class ResNet(nn.Module):
    def __init__(self, block, num_blocks, num_classes=1000):
        super(ResNet, self).__init__()
        self.in_planes = 64

        self.conv1 = nn.Conv2d(3, 64, kernel_size=3, stride=1, padding=1, bias=False)
        self.bn1 = nn.BatchNorm2d(64)
        self.layer1 = self._make_layer(block, 64, num_blocks[0], stride=1)
        self.layer2 = self._make_layer(block, 128, num_blocks[1], stride=2)
        self.layer3 = self._make_layer(block, 256, num_blocks[2], stride=2)
```

```
            self.layer4 = self._make_layer(block, 512, num_blocks[3], stride=2)
            self.linear = nn.Linear(512 * block.expansion, num_classes)

        def _make_layer(self, block, planes, num_blocks, stride):
            strides = [stride] + [1] * (num_blocks − 1)
            layers = []
            for stride in strides:
                layers.append(block(self.in_planes, planes, stride))
                self.in_planes = planes * block.expansion
            return nn.Sequential(*layers)

        def forward(self, x):
            out = nn.functional.relu(self.bn1(self.conv1(x)))
            out = self.layer1(out)
            out = self.layer2(out)
            out = self.layer3(out)
            out = self.layer4(out)
            out = nn.functional.avg_pool2d(out, 4)
            out = out.view(out.size(0), −1)
            out = self.linear(out)
            return out

def ResNet18():
    return ResNet(BasicBlock, [2, 2, 2, 2])

def ResNet34():
    return ResNet(BasicBlock, [3, 4, 6, 3])

# 实例化 ResNet18 模型并打印
model = ResNet18()
print(model)
```

代码 3-9 输出结果如下：

```
ResNet(
  (conv1): Conv2d(3, 64, kernel_size=(3, 3), stride=(1, 1), padding=(1, 1), bias=False)
  (bn1): BatchNorm2d(64, eps=1e−05, momentum=0.1, affine=True, track_running_stats=True)
  (layer1): Sequential(
    (0): BasicBlock(
          (conv1): Conv2d(64, 64, kernel_size=(3, 3), stride=(1, 1), padding=(1, 1), bias=False) (bn1):
BatchNorm2d (64, eps=1e−05, momentum=0.1, affine=True, track_running_stats=True)
          (conv2): Conv2d(64, 64, kernel_size=(3, 3), stride=(1, 1), padding=(1, 1), bias=False)
          (bn2): BatchNorm2d(64, eps=1e−05, momentum=0.1, affine=True, track_running_ stats=True)
          (shortcut): Sequential()
    )
    (1): BasicBlock(
```

```
            (conv1): Conv2d(64, 64, kernel_size=(3, 3), stride=(1, 1), padding=(1, 1), bias=False)
            (bn1): BatchNorm2d(64, eps=1e−05, momentum=0.1, affine=True, track_running_ stats=True)
            (conv2): Conv2d(64, 64, kernel_size=(3, 3), stride=(1, 1), padding=(1, 1), bias=False)
            (bn2): BatchNorm2d(64, eps=1e−05, momentum=0.1, affine=True, track_running_ stats=True)
            (shortcut): Sequential()
         )
      )
      (layer2): Sequential(
         (0): BasicBlock(
            (conv1): Conv2d(64, 128, kernel_size=(3, 3), stride=(2, 2), padding=(1, 1), bias=False)
            (bn1): BatchNorm2d(128, eps=1e−05, momentum=0.1, affine=True, track_running_ stats=True)
            (conv2): Conv2d(128, 128, kernel_size=(3, 3), stride=(1, 1), padding=(1, 1), bias=False)
            (bn2): BatchNorm2d(128, eps=1e−05, momentum=0.1, affine=True, track_running_ stats=True)
            (shortcut): Sequential(
               (0): Conv2d(64, 128, kernel_size=(1, 1), stride=(2, 2), bias=False)
               (1): BatchNorm2d(128, eps=1e−05, momentum=0.1, affine=True, track_running_ stats=True)
            )
         )
         (1): BasicBlock(
            (conv1): Conv2d(128, 128, kernel_size=(3, 3), stride=(1, 1), padding=(1, 1), bias=False)
            (bn1): BatchNorm2d(128, eps=1e−05, momentum=0.1, affine=True, track_running_ stats=True)
            (conv2): Conv2d(128, 128, kernel_size=(3, 3), stride=(1, 1), padding=(1, 1), bias=False)
            (bn2): BatchNorm2d(128, eps=1e−05, momentum=0.1, affine=True, track_running_ stats=True)
            (shortcut): Sequential()
         )
      )
      (layer3): Sequential(
         (0): BasicBlock(
            (conv1): Conv2d(128, 256, kernel_size=(3, 3), stride=(2, 2), padding=(1, 1), bias=False)
            (bn1): BatchNorm2d(256, eps=1e−05, momentum=0.1, affine=True, track_running_ stats=True)
            (conv2): Conv2d(256, 256, kernel_size=(3, 3), stride=(1, 1), padding=(1, 1), bias=False)
            (bn2): BatchNorm2d(256, eps=1e−05, momentum=0.1, affine=True, track_running_ stats=True)
            (shortcut): Sequential(
               (0): Conv2d(128, 256, kernel_size=(1, 1), stride=(2, 2), bias=False)
               (1): BatchNorm2d(256, eps=1e−05, momentum=0.1, affine=True, track_running_ stats=True)
            )
         )
         (1): BasicBlock(
            (conv1): Conv2d(256, 256, kernel_size=(3, 3), stride=(1, 1), padding=(1, 1), bias=False)
            (bn1): BatchNorm2d(256, eps=1e−05, momentum=0.1, affine=True, track_running_ stats=True)
            (conv2): Conv2d(256, 256, kernel_size=(3, 3), stride=(1, 1), padding=(1, 1), bias=False)
            (bn2): BatchNorm2d(256, eps=1e−05, momentum=0.1, affine=True, track_running_ stats=True)
            (shortcut): Sequential()
         )
      )
      (layer4): Sequential(
```

```
(0): BasicBlock(
  (conv1): Conv2d(256, 512, kernel_size=(3, 3), stride=(2, 2), padding=(1, 1), bias=False)
  (bn1): BatchNorm2d(512, eps=1e-05, momentum=0.1, affine=True, track_running_ stats=True)
  (conv2): Conv2d(512, 512, kernel_size=(3, 3), stride=(1, 1), padding=(1, 1), bias=False)
  (bn2): BatchNorm2d(512, eps=1e-05, momentum=0.1, affine=True, track_running_ stats=True)
  (shortcut): Sequential(
    (0): Conv2d(256, 512, kernel_size=(1, 1), stride=(2, 2), bias=False)
    (1): BatchNorm2d(512, eps=1e-05, momentum=0.1, affine=True, track_running_ stats=True)
  )
)
(1): BasicBlock(
  (conv1): Conv2d(512, 512, kernel_size=(3, 3), stride=(1, 1), padding=(1, 1), bias=False)
  (bn1): BatchNorm2d(512, eps=1e-05, momentum=0.1, affine=True, track_running_ stats=True)
  (conv2): Conv2d(512, 512, kernel_size=(3, 3), stride=(1, 1), padding=(1, 1), bias=False)
  (bn2): BatchNorm2d(512, eps=1e-05, momentum=0.1, affine=True, track_running_ stats=True)
  (shortcut): Sequential()
)
)
(linear): Linear(in_features=512, out_features=1000, bias=True)
)
```

以上是使用 PyTorch 实现 LeNet、AlexNet、VGG 和 ResNet 的简单示例代码。这些经典 CNN 结构已被广泛应用于各种图像相关的任务，包括图像分类、目标检测、语义分割等。它们的出现和发展极大地推动了深度学习在计算机视觉领域的发展。

3.3 循环神经网络

3.3.1 RNN的结构和原理

循环神经网络（Recurrent Neural Networks，RNN）是一种专门用于处理序列数据的神经网络结构，它在自然语言处理、时间序列分析等领域有着广泛的应用。在本小节中，我们将深入探讨 RNN 的结构和原理，以及其在序列数据处理中的应用。

RNN 是一种具有循环连接的神经网络，其结构具有记忆性，可以处理任意长度的序列数据。在 RNN 中，神经网络的隐藏层的输出会被传递到下一个时间步作为输入，从而使网络可以在处理每个时间步的同时考虑之前的信息。典型的 RNN 结构包括 3 个主要部分。

- 输入层（Input Layer）：接受输入数据序列。
- 隐藏层（Hidden Layer）：负责学习数据中的特征表示，并且具有循环连接，可以传递之前的信息给下一个时间步。
- 输出层（Output Layer）：根据隐藏层的输出预测或生成输出结果。

RNN 的原理基于时间上的循环结构，其隐藏状态会在每个时间步被传递给下一个时间步，以便网络能够记忆之前的信息。具体来说，假设我们有一个输入序列 $x = (x_1, x_2, x_3, \cdots, x_T)$，每个时间步 t 的输入为 x_t，隐藏状态为 h_t，输出为 y_t。则 RNN 的计算过程可以表示为式（3-4）和式（3-5）。

$$h_t = f(W_{ih}x_t + W_{hh}h_{t-1} + b_h) \tag{3-4}$$

$$y_t = g(W_{ho}h_t + b_o) \tag{3-5}$$

其中：

■ W_{ih} 和 W_{hh} 是输入到隐藏层和隐藏层到隐藏层之间的权重矩阵；

■ W_{ho} 是隐藏层到输出层之间的权重矩阵；

■ b_h 和 b_o 是隐藏层和输出层的偏置；

■ f 和 g 是激活函数，通常使用 tanh 或 ReLU；

■ h_{t-1} 是上一个时间步的隐藏状态。

代码 3-10 是使用 PyTorch 实现简单 RNN 模型的示例代码。

代码 3-10

```
import torch
import torch.nn as nn

class SimpleRNN(nn.Module):
    def __init__(self, input_size, hidden_size, output_size):
        super(SimpleRNN, self).__init__()
        self.hidden_size = hidden_size
        self.rnn = nn.RNN(input_size, hidden_size, batch_first=True)
        self.fc = nn.Linear(hidden_size, output_size)

    def forward(self, x):
        # 初始化隐藏状态
        h0 = torch.zeros(1, x.size(0), self.hidden_size).to(x.device)
        # RNN 前向计算
        out, _ = self.rnn(x, h0)
        # 只取最后一个时间步的输出
        out = self.fc(out[:, -1, :])
        return out

# 定义输入、隐藏状态和输出的维度
input_size = 10
hidden_size = 20
output_size = 2

# 创建 RNN 模型
rnn_model = SimpleRNN(input_size, hidden_size, output_size)
print(rnn_model)
```

代码 3-10 输出结果如下：

```
SimpleRNN(
    (rnn): RNN(10, 20, batch_first=True)
    (fc): Linear(in_features=20, out_features=2, bias=True)
)
```

代码 3-10 是一个简单的 RNN 模型的实现示例，其中 input_size 是输入的特征维度，hidden_size 是隐藏层的大小，output_size 是输出的维度。通过定义模型的前向传播方法，我们可以轻松地构建和训练 RNN 模型。

3.3.2　长短期记忆网络

长短期记忆网络（Long Short-Term Memory, LSTM）是一种特殊类型的循环神经网络（RNN），专门设计用来解决 RNN 存在的长期依赖问题。相比于传统的 RNN 结构，LSTM 引入了门控机制，能够更好地捕捉和利用序列数据中的长期依赖关系。在本小节中，我们将深入探讨 LSTM 的结构、原理和应用。

LSTM 由一系列特殊的单元组成，每个单元包含 3 个门和一个记忆单元（细胞状态），分别是遗忘门（Forget Gate）、输入门（Input Gate）、输出门（Output Gate）和细胞状态（Cell State）。这些门控制着信息的流动，允许 LSTM 根据输入数据动态地决定如何更新和使用记忆。

LSTM 的核心思想是通过门控机制来控制信息的流动。具体来说，每个门都包含一个 sigmoid 激活函数，其输出值在 0 到 1 之间，表示门的打开程度。LSTM 的计算过程可以分为以下几个步骤。

（1）遗忘门：决定是否要忘记之前的记忆。通过当前的输入 x_t 和上一个时间步的隐藏状态 h_{t-1}，计算遗忘门的输出 f_t，用来控制细胞状态 C_{t-1} 中的信息被保留或遗忘。

（2）输入门：决定当前输入信息中哪些部分需要被更新到细胞状态中。类似于遗忘门，输入门也是通过当前输入 x_t 和上一个时间步的隐藏状态 h_{t-1} 计算得到。

（3）更新细胞状态：根据输入门的输出和当前输入信息，计算新的候选细胞状态 $\tilde{C}_t$。然后，通过遗忘门和输入门的输出来更新细胞状态 C_{t-1}。

（4）输出门：决定当前时刻的隐藏状态 h_t 中应该包含哪些信息。通过当前输入 x_t 和上一个时间步的隐藏状态 h_{t-1} 计算输出门的输出，然后将细胞状态 C_t 经过 tanh 激活函数得到一个新的隐藏状态 h_t。

代码 3-11 是使用 PyTorch 实现简单 LSTM 模型的示例代码。

代码 3-11

```
import torch
import torch.nn as nn
```

```
class SimpleLSTM(nn.Module):
    def __init__(self, input_size, hidden_size, output_size):
        super(SimpleLSTM, self).__init__()
        self.hidden_size = hidden_size
        self.lstm = nn.LSTM(input_size, hidden_size, batch_first=True)
        self.fc = nn.Linear(hidden_size, output_size)

    def forward(self, x):
        # 初始化隐藏状态和细胞状态
        h0 = torch.zeros(1, x.size(0), self.hidden_size).to(x.device)
        c0 = torch.zeros(1, x.size(0), self.hidden_size).to(x.device)
        # LSTM 前向计算
        out, _ = self.lstm(x, (h0, c0))
        # 只取最后一个时间步的输出
        out = self.fc(out[:, -1, :])
        return out

# 定义输入、隐藏状态和输出的维度
input_size = 10
hidden_size = 20
output_size = 2

# 创建 LSTM 模型
lstm_model = SimpleLSTM(input_size, hidden_size, output_size)
```

代码 3-11 输出结果如下：

```
SimpleLSTM(
    (lstm): LSTM(10, 20, batch_first=True)
    (fc): Linear(in_features=20, out_features=2, bias=True)
)
```

　　代码 3-11 是一个简单的 LSTM 模型的实现示例，其中 input_size 是输入的特征维度，hidden_size 是隐藏层的大小，output_size 是输出的维度。通过定义模型的前向传播方法，我们可以轻松地构建和训练 LSTM 模型。

3.3.3　门控循环单元

　　门控循环单元（Gated Recurrent Unit, GRU）是一种循环神经网络（RNN）的变体，旨在克服传统 RNN 的梯度消失问题和长期依赖问题。相比于长短期记忆网络（LSTM），GRU 具有更简单的结构，但在许多任务中表现出了与 LSTM 相当的性能。在本小节中，我们将介绍 GRU 的结构和原理。

　　GRU 由更新门（Update Gate）和重置门（Reset Gate）两个门控单元组成，以及一个更新后的隐藏状态。与 LSTM 类似，GRU 也具有在训练过程中学习保留或丢弃信息的能力，但它只有一个状态向量，即隐藏状态，而不需要细胞状态。

GRU 的运行过程如下。

（1）重置门：控制着过去的隐藏状态在当前时间步的影响程度。它确定了应该"遗忘"多少先前的信息。重置门的输出取值范围在 0 到 1 之间，值越大表示保留更多过去的信息。

（2）更新门：控制着新的输入和先前的隐藏状态之间的权衡。它决定了在当前时间步应该保留多少新的信息。更新门的输出同样在 0 到 1 之间，值越大表示保留更多当前输入的信息。

（3）输出计算：根据重置门和更新门的输出，计算新的隐藏状态。新的隐藏状态将根据重置门确定哪些过去的信息应该被忽略，然后根据更新门确定如何融合新的输入信息。

代码 3-12 是使用 PyTorch 实现简单 GRU 模型的示例代码。

代码 3-12

```
import torch
import torch.nn as nn

class SimpleGRU(nn.Module):
    def __init__(self, input_size, hidden_size, output_size):
        super(SimpleGRU, self).__init__()
        self.hidden_size = hidden_size
        self.gru = nn.GRU(input_size, hidden_size, batch_first=True)
        self.fc = nn.Linear(hidden_size, output_size)

    def forward(self, x):
        # 初始化隐藏状态
        h0 = torch.zeros(1, x.size(0), self.hidden_size).to(x.device)
        # GRU 前向计算
        out, _ = self.gru(x, h0)
        # 只取最后一个时间步的输出
        out = self.fc(out[:, -1, :])
        return out

# 定义输入、隐藏状态和输出的维度
input_size = 10
hidden_size = 20
output_size = 2

# 创建 GRU 模型
gru_model = SimpleGRU(input_size, hidden_size, output_size)
```

代码 3-12 输出结果如下：

```
SimpleGRU(
  (gru): GRU(10, 20, batch_first=True)
  (fc): Linear(in_features=20, out_features=2, bias=True)
)
```

代码 3-12 是一个简单的 GRU 模型的实现示例，其中 input_size 是输入的特征维度，hidden_size 是隐藏层的大小，output_size 是输出的维度。通过定义模型的前向传播方法，我们可以轻松地构建和训练 GRU 模型。

3.4 Transformer模型

3.4.1 Self-Attention机制

Self-Attention（自注意力）机制是深度学习中一种重要的注意力机制，被广泛应用于各种自然语言处理和计算机视觉任务中。本小节将介绍 Self-Attention 的原理、结构以及示例代码。

Self-Attention 是一种基于注意力机制的模型，用于对输入序列中的不同位置进行加权聚合。其核心思想是根据输入序列中各个位置之间的关系动态地分配注意力权重，从而使模型能够更好地理解上下文信息。

在 Self-Attention 中，每个输入位置都与其他位置进行交互，并计算相应的注意力权重。这些权重表示了每个位置对于其他位置的重要程度，然后根据这些权重对输入序列进行加权求和，得到每个位置的表示。

Self-Attention 的结构主要包括 3 个步骤：计算注意力权重、加权求和和映射。

（1）计算注意力权重：对于输入序列中的每个位置，计算其与其他位置之间的注意力权重。这通常通过计算输入序列的查询、键和值的相关性来实现。具体而言，对于给定的输入序列 X，我们首先计算查询 Q、键 K 和值 V，如式（3-6）所示。

$$Q=XW_Q, \quad K=XW_K, \quad V=XW_V \tag{3-6}$$

其中：W_Q、W_K 和 W_V 是学习到的权重矩阵。

随后，利用查询和键的相关性计算注意力分数，并对其进行归一化，得到注意力权重。这一步通常采用 softmax 函数来实现，如式（3-7）所示。

$$\text{Attention}(Q,K,V) = \text{soft max}\left(\frac{QK^{\text{T}}}{d_k}\right)V \tag{3-7}$$

其中：d_k 是键的维度。

（2）加权求和：利用注意力权重对值进行加权求和，得到每个位置的表示。如式（3-8）所示。

$$\text{Self-Attention}(X)=\text{Attention}(Q, K, V) \tag{3-8}$$

（3）映射：通常在加权求和后会对结果进行一次线性变换或者其他映射操作，

以得到最终的表示。

代码 3-13 是一个使用 PyTorch 实现的简单的 Self-Attention 模块的示例代码。

```python
import torch
import torch.nn as nn

class SelfAttention(nn.Module):
    def __init__(self, input_dim, hidden_dim):
        super(SelfAttention, self).__init__()
        self.input_dim = input_dim
        self.hidden_dim = hidden_dim

        # 定义查询、键和值的线性变换矩阵
        self.W_q = nn.Linear(input_dim, hidden_dim)
        self.W_k = nn.Linear(input_dim, hidden_dim)
        self.W_v = nn.Linear(input_dim, hidden_dim)

        def forward(self, X):
        # 计算查询、键和值
        Q = self.W_q(X)
        K = self.W_k(X)
        V = self.W_v(X)

        # 计算注意力分数
        attention_scores = torch.matmul(Q, K.transpose(-2, -1)) / torch.sqrt(torch.tensor(self.hidden
        _dim, dtype=torch.float32))
        attention_weights = torch.softmax(attention_scores, dim=-1)

        # 加权求和
        output = torch.matmul(attention_weights, V)

        return output

# 测试代码
input_dim = 512
hidden_dim = 64
seq_length = 10
batch_size = 32

# 创建一个输入序列
X = torch.randn(batch_size, seq_length, input_dim)

# 创建 Self-Attention 模块
self_attention = SelfAttention(input_dim, hidden_dim)
```

```
# 应用 Self-Attention 模块
output = self_attention(X)

print("Output shape:", output.shape)
```

代码 3-13 的输出结果如下：

```
Output shape: torch.Size([32, 10, 64])
```

在代码 3-13 中，我们定义了一个简单的 SelfAttention 类，它接受输入序列 X，并通过线性变换矩阵计算查询、键和值。然后，我们计算了注意力分数并应用 softmax 函数对其进行归一化，最后对值进行加权求和以获得输出。

Self-Attention 机制作为一种强大的注意力机制，在深度学习中扮演着重要的角色。它通过动态地分配注意力权重，使模型能够更好地理解输入序列中的上下文信息，从而在各种自然语言处理和计算机视觉任务中取得了显著的性能提升。

3.4.2 Transformer架构

Transformer 架构是一种革命性的深度学习模型，它在自然语言处理和其他序列建模任务中取得了巨大成功。本小节将深入探讨 Transformer 的架构、原理和关键组件。

1. Transformer的架构

Transformer 架构由 Vaswani（瓦斯瓦尼）等人于 2017 年提出，它摒弃了传统的 RNN 和 CNN，采用了全新的注意力机制来实现序列建模任务。Transformer 架构主要由以下几个关键部分组成。

■ 输入表示

输入序列首先通过嵌入层进行词嵌入（Word Embedding）处理，将每个词转换为高维空间中的向量表示。

■ 位置编码

由于 Transformer 没有显式的顺序信息，因此需要添加位置编码来表示每个词在序列中的位置信息，以便模型理解输入序列的顺序。

■ 编码器（Encoder）

编码器由多个相同的编码器层堆叠而成，每个编码器层包含两个子层：多头自注意力机制（Multi-Head Self-Attention），利用注意力机制来捕捉输入序列中的全局依赖关系；前馈神经网络（Feedforward Neural Network），对每个位置的隐藏表示进行独立的全连接网络处理。每个子层都有残差连接（Residual Connection）和层归一化（Layer Normalization）。

■ 解码器（Decoder）

解码器也由多个相同的解码器层堆叠而成，每个解码器层包含 3 个子层：多头自注意力机制，用于捕捉解码器输入序列的全局依赖关系；编码器 - 解码器注意力机制（Encoder-Decoder Attention），关注输入序列与输出序列之间的对应关系；前馈神经网络，对每个位置的隐藏表示进行独立的全连接网络处理。每个子层同样包含残差连接和层归一化。

■ 输出层

解码器的输出经过线性变换和 Softmax 函数，用于生成最终的输出序列。

2. Transformer的原理

Transformer 的核心在于注意力机制。在传统的注意力机制中，目标元素的输出是由所有位置的输入加权组合而成的，而在 Transformer 中，每个位置的输出都是由所有位置的输入通过加权组合而成的。这种自注意力机制使模型能够在不同位置之间进行直接的交互和信息传递，而不受序列长度的限制。

具体来说，注意力机制的工作可以分为 3 个步骤。

■ 计算注意力分数：通过将查询、键和值进行点积操作，得到每个位置与其他位置之间的注意力分数。

■ 缩放注意力分数：为了稳定训练过程，通常会对注意力分数进行缩放。

■ 加权求和：将缩放后的注意力分数与值进行加权求和，得到每个位置的输出。

3. Transformer的关键组件

■ 多头注意力机制

多头注意力机制允许模型同时关注输入序列的不同子空间，从而提高了模型的表征能力。

■ 位置编码

位置编码用于将词嵌入向量与位置信息相结合，帮助模型理解输入序列的顺序。

■ 残差连接和层归一化

残差连接和层归一化有助于缓解梯度消失和梯度爆炸问题，提高了模型的训练效率和稳定性。

至此，我们学习到了 Transformer 的一些基础架构，代码 3-14 是对这些基础架构的实现。

代码 3-14

```
import torch
import torch.nn as nn
import torch.optim as optim
import numpy as np

# 定义一个包含多头自注意力机制的模块
class MultiHeadAttention(nn.Module):
```

```python
    def __init__(self, embed_dim, num_heads):
        super(MultiHeadAttention, self).__init__()
        self.num_heads = num_heads
        self.embed_dim = embed_dim
        assert embed_dim % num_heads == 0
        self.head_dim = embed_dim // num_heads

        self.query_linear = nn.Linear(embed_dim, embed_dim)
        self.key_linear = nn.Linear(embed_dim, embed_dim)
        self.value_linear = nn.Linear(embed_dim, embed_dim)
        self.output_linear = nn.Linear(embed_dim, embed_dim)

    def forward(self, query, key, value):
        # 拆分成多个头
        batch_size = query.shape[0]
        query = self.query_linear(query).view(batch_size, -1, self.num_heads, self.head_dim).
        permute(0, 2, 1, 3)
        key = self.key_linear(key).view(batch_size, -1, self.num_heads, self.head_dim).permute(0, 2, 1, 3)
        value = self.value_linear(value).view(batch_size, -1, self.num_heads, self.head_dim).
        permute(0, 2, 1, 3)

        # 计算注意力分数
        energy = torch.matmul(query, key.permute(0, 1, 3, 2)) / np.sqrt(self.head_dim)

        # 注意力权重
        attention = torch.softmax(energy, dim=-1)

        # 加权求和
        out = torch.matmul(attention, value)

        # 合并多头结果
        out = out.permute(0, 2, 1, 3).contiguous().view(batch_size, -1, self.embed_dim)

        # 线性变换
        out = self.output_linear(out)

        return out

# 定义一个 Transformer 编码器层
class TransformerEncoderLayer(nn.Module):
        def __init__(self, embed_dim, num_heads):
        super(TransformerEncoderLayer, self).__init__()
        self.self_attention = MultiHeadAttention(embed_dim, num_heads)
        self.linear1 = nn.Linear(embed_dim, embed_dim)
        self.linear2 = nn.Linear(embed_dim, embed_dim)
        self.norm1 = nn.LayerNorm(embed_dim)
```

```python
        self.norm2 = nn.LayerNorm(embed_dim)

    def forward(self, x):
        attention_out = self.self_attention(x, x, x)
        x = x + attention_out
        x = self.norm1(x)
        linear_out = self.linear2(torch.relu(self.linear1(x)))
        x = x + linear_out
        x = self.norm2(x)
        return x

# 定义一个 Transformer 模型
class TransformerEncoder(nn.Module):
    def __init__(self, num_layers, embed_dim, num_heads):
        super(TransformerEncoder, self).__init__()
        self.layers = nn.ModuleList([TransformerEncoderLayer(embed_dim, num_heads) for _ in range(num_layers)])

    def forward(self, x):
        for layer in self.layers:
            x = layer(x)
        return x

# 测试模型
embed_dim = 512
num_heads = 8
num_layers = 6
sequence_length = 10
batch_size = 16

# 随机生成输入序列
input_sequence = torch.randn(batch_size, sequence_length, embed_dim)

# 构建 Transformer 模型
transformer = TransformerEncoder(num_layers, embed_dim, num_heads)

# 前向传播
output_sequence = transformer(input_sequence)

print(" 输入序列形状： ", input_sequence.shape)
print(" 输出序列形状： ", output_sequence.shape)
```

代码 3-14 输出结果如下：

```
输入序列形状：torch.Size([16, 10, 512])
输出序列形状：torch.Size([16, 10, 512])
```

代码 3-14 演示了一个简化的 Transformer 模型，其中包含一个基本的自注意力机制和多个编码器层。可以根据需要进行修改和扩展，以适应不同的任务和数据集。

Transformer 架构的提出彻底改变了自然语言处理领域的格局，使模型在处理长距离依赖和全局信息捕捉方面取得了显著的进展。其简洁的设计和强大的表征能力使它成为当今自然语言处理任务中的主流模型之一。

3.4.3 Transformer在机器翻译、语言建模等任务中的应用

在深度学习领域，Transformer 模型是一种革命性的架构，它在自然语言处理等任务中取得了巨大成功。其中，Transformer 在机器翻译和语言建模等任务中的应用尤为突出。

1. 机器翻译

在机器翻译任务中，Transformer 被广泛应用，并且取得了令人瞩目的成果。其在 Google 的翻译服务中的应用是一个突出的例子。传统的翻译系统主要依赖于短语匹配和语言模型等传统方法，但这些方法往往难以处理复杂的语言结构和长句子。而 Transformer 则可以轻松地捕捉长距离的依赖关系，使翻译结果更加流畅和准确。

在实践中，机器翻译任务通常采用 Transformer 编码器 - 解码器结构。编码器将源语言句子编码成一个高维向量表示，解码器则根据这个向量表示生成目标语言句子。编码器和解码器都由多个 Transformer 层组成，每层都包含多头自注意力机制和前馈神经网络。这种结构使模型能够有效地捕捉句子中的语义信息，并且在翻译任务中表现出色。

2. 语言建模

Transformer 也被广泛用于语言建模任务，例如文本生成、自动摘要等。语言建模是深度学习中的一个重要任务，其目标是根据上下文预测单词或字符的概率分布。传统的语言模型通常基于 *n*-gram 方法或者 RNN，但这些方法难以捕捉长距离的依赖关系。Transformer 利用了自注意力机制，能够更好地理解长句子的上下文，因此在语言建模任务中取得了显著的进展。

在实践中，语言建模任务通常采用 Transformer 的编码器结构，输入是一个文本序列，输出是每个位置上词的概率分布。通过最大化预测的概率来训练模型，使模型能够学习到文本序列的语言规律和结构特征。这种模型不仅可以用于文本生成，还可以用于词语推荐、语句生成等应用领域。

3.5 BERT模型

3.5.1 BERT的预训练任务和目标

BERT 是一种革命性的预训练语言模型，由 Google 于 2018 年提出。与传统

的语言模型不同，BERT 在预训练阶段引入了两个全新的任务，即掩码语言模型（Masked Language Model，MLM）和下一句预测（Next Sentence Prediction，NSP），以更好地学习文本的双向表示。

1. 掩码语言模型

掩码语言模型是 BERT 中的一项关键任务，其目标是从输入文本中随机掩码一部分词，然后让模型预测这些掩码位置上的词。这种做法能够迫使模型在预测时同时考虑上下文中的词汇信息，从而更好地理解文本的语义。

具体来说，给定一个输入序列，BERT 会随机选择一些词进行掩码。然后，模型需要预测这些被掩码的词是原来的词中的哪一个。这种方式使模型在训练过程中能够学习到词与词之间的语义关系，并且能够更好地处理歧义的情况。

2. 下一句预测

下一句预测是另一个重要的预训练任务，其目标是让模型判断两个句子在语义上是否连续。这种任务的引入可以帮助模型更好地理解文本之间的逻辑关系，从而提高模型在自然语言理解任务中的性能。

在下一句预测任务中，BERT 首先会从语料库中随机选择一对句子。然后，模型需要判断这两个句子是否连续，即第二个句子是不是第一个句子的下一句。通过这种方式，模型可以学习到句子之间的逻辑关系和上下文的连贯性，从而提高模型在真实任务中的表现。

BERT 通过以上两个任务的联合训练，旨在学习到文本的深层双向表示。通过掩码语言模型任务，模型能够更好地理解文本中词与词之间的关系和语义信息；通过下一句预测任务，模型则能够更好地理解文本之间的逻辑关系和上下文的连贯性。这两个任务的结合使 BERT 能够在预训练阶段学习到更加丰富和深层的文本表示，从而在各种自然语言处理任务中取得显著的性能提升。

代码 3-15 是使用 PyTorch 实现 BERT 的文本分类任务的简单示例代码。

代码 3-15

```
import torch
from transformers import BertTokenizer, BertForSequenceClassification
from torch.utils.data import TensorDataset, DataLoader

# 加载数据集
train_texts = [
        "I love this movie, it's the best one I've seen in years.",
        "The acting was terrible and the plot made no sense.",
        "This is my favorite movie of all time, I can watch it over and over again.",
        "I was really disappointed with this movie, it didn't live up to my expectations.",
        "The cinematography was stunning and the performances were top-notch.",
        "I hated this movie, it was a complete waste of my time.",
        "The action scenes were amazing and the story was engaging.",
        "I found this movie to be boring and predictable.",
```

```
            "This movie made me laugh so hard, I couldn't stop.",
            "The dialogue was cheesy and the characters were unlikable."
]
train_labels = [1, 0, 1, 0, 1, 0, 1, 0, 1, 0]


tokenizer = BertTokenizer.from_pretrained('bert-base-uncased')
train_input_ids = []
train_attention_masks = []
for text in train_texts:
    encoded = tokenizer.encode_plus(
        text,
        add_special_tokens=True,
        max_length=128,
        padding='max_length',
        truncation=True,
        return_attention_mask=True,
        return_tensors='pt'
    )
    train_input_ids.append(encoded['input_ids'])
    train_attention_masks.append(encoded['attention_mask'])

train_input_ids = torch.cat(train_input_ids, dim=0)
train_attention_masks = torch.cat(train_attention_masks, dim=0)
train_labels = torch.tensor(train_labels)

train_dataset = TensorDataset(train_input_ids, train_attention_masks, train_labels)
train_dataloader = DataLoader(train_dataset, batch_size=32)

# 定义模型和优化器
model = BertForSequenceClassification.from_pretrained('bert-base-uncased', num_labels=2)
optimizer = torch.optim.AdamW(model.parameters(), lr=5e-5)

# 训练模型
model.train()
for epoch in range(5):
    total_loss = 0
    for step, batch in enumerate(train_dataloader):
        batch_input_ids = batch[0]
        batch_attention_masks = batch[1]
        batch_labels = batch[2]
        optimizer.zero_grad()
        outputs = model(batch_input_ids, attention_mask=batch_attention_masks, labels= batch_labels)
        loss = outputs.loss
        total_loss += loss.item()
        loss.backward()
```

```
        optimizer.step()

    avg_loss = total_loss / len(train_dataloader)
    print(f'Epoch {epoch + 1}, average loss: {avg_loss:.4f}')

# 保存模型
torch.save(model.state_dict(), 'bert_model.pth')
```

代码 3-15 输出结果如下：

```
Epoch 1, average loss: 0.6727
Epoch 2, average loss: 0.6402
Epoch 3, average loss: 0.5007
Epoch 4, average loss: 0.4166
Epoch 5, average loss: 0.3078
```

我们还可以加载代码 3-15 训练好的模型，来进行分类任务，如代码 3-16 所示。

代码 3-16

```
import torch
from transformers import BertForSequenceClassification, BertTokenizer

# 加载模型和词汇表
model = BertForSequenceClassification.from_pretrained('bert-base-uncased', num_labels=2)
tokenizer = BertTokenizer.from_pretrained('bert-base-uncased')

# 加载模型参数
model.load_state_dict(torch.load('bert_model.pth'))

# 使用模型进行推理
text = 'this is a test sentence'
encoded = tokenizer.encode_plus(
    text,
    add_special_tokens=True,
    max_length=128,
    padding='max_length',
return_attention_mask=True,
return_tensors='pt'
)
input_ids = encoded['input_ids']
attention_mask = encoded['attention_mask']

# 模型推理
with torch.no_grad():
    output = model(input_ids, attention_mask=attention_mask)
    logits = output.logits
```

```
    probabilities = torch.softmax(logits, dim=1)

# 打印结果
print('Logits:', logits)
print('Probabilities:', probabilities)
```

代码 3-16 输出结果如下：

```
Logits: tensor([[−0.1599, −0.0644]])
Probabilities: tensor([[0.4762, 0.5238]])
```

3.5.2 BERT的结构、原理和应用

BERT 是一种基于 Transformer 架构的预训练语言模型，它通过无监督的方式从大规模文本语料中学习通用的语言表示，为各种 NLP 任务提供了强大的基础。

BERT 的结构主要由两个部分组成：Transformer 编码器和预训练任务。Transformer 编码器是由多层自注意力层和全连接前馈网络组成，用于学习输入文本的表示。预训练任务指的是掩码语言模型（MLM）和下一句预测（NSP），用于训练模型。

BERT 的原理主要基于 Transformer 的自注意力机制和大规模无标签文本的预训练。BERT 的主要原理如下。

（1）Transformer 的自注意力机制：BERT 使用 Transformer 的自注意力机制来捕捉输入文本中的上下文关系。自注意力机制允许模型在编码输入时对输入中的其他位置进行加权，从而更好地理解整个句子的语义。

（2）预训练任务：BERT 通过两个任务来预训练模型。第一个任务是掩码语言模型，它要求模型根据句子中被掩码词的上下文预测被掩码的词。第二个任务是下一句预测，它要求模型判断两个句子是否连续。

（3）双向编码：BERT 通过对输入句子进行双向编码，即同时考虑句子左侧和右侧的内容，从而更好地捕捉句子的语义和上下文信息。

（4）无监督预训练：BERT 采用无监督的方式从大规模文本语料中学习通用的语言表示。通过在预训练阶段使用海量的无标签文本数据，BERT 能够学习到更丰富和通用的语言表示，从而在各种下游 NLP 任务中表现优异。

BERT 在文本分类、命名实体识别等任务中展现了卓越的性能，主要得益于其强大的语义理解和上下文建模能力。

1. 文本分类

文本分类是自然语言处理中的一个重要任务，涉及将文本分配到预定义的类别中或标签下。BERT 在文本分类任务中表现出色，主要有以下几点原因。

■ 上下文理解：BERT 能够全面地理解句子中的上下文信息，从而更好地区分

不同类别之间的语义差异。

- 双向编码：BERT采用双向编码，同时考虑句子左侧和右侧的内容，有助于更好地捕捉句子的语义特征。
- 微调能力：BERT预训练阶段使用了大规模的无监督数据学习通用的语言表示，在下游任务中可以通过微调进行特定领域的优化，从而提高分类性能。

在实践中，我们可以使用BERT模型作为特征提取器，将文本输入BERT模型中，然后在输出层进行分类任务的微调。也可以直接将BERT模型作为整个分类模型，进行端到端的微调。

2. 命名实体识别

命名实体识别是指识别文本中具有特定意义的命名实体，如人名、地名、组织机构名等。BERT在命名实体识别任务中也取得了令人瞩目的成绩，主要体现在以下几个方面。

- 上下文理解：BERT能够全面理解句子的上下文信息，有助于更准确地识别命名实体。
- 双向编码：BERT采用双向编码，能够同时考虑命名实体前后的内容，有助于更好地区分命名实体和普通词汇。
- 多标签分类：在命名实体识别任务中，通常采用多标签分类的方式，BERT能够很好地适应这种任务设置。

在实践中，我们可以使用BERT模型对文本序列进行编码，然后在输出层进行命名实体的分类，通常使用IOB（Inside-Outside-Beginning）标记体系来标记命名实体的边界和类型。

除了文本分类和命名实体识别，BERT还在许多其他自然语言处理任务中取得了不错的成绩，如问答系统、语义相似度计算、文本摘要等。其强大的上下文理解能力和预训练模型的泛化能力使BERT成为解决各种自然语言处理任务的有力工具。

3.6 GPT大模型

3.6.1 GPT的预训练任务和目标

GPT是一种基于Transformer架构的预训练语言模型，由OpenAI提出。它采用了无监督的预训练策略，通过大规模的文本数据进行预训练，从而学习到丰富的语言表示。在预训练阶段，GPT通过执行一种自监督任务来学习文本序列的表示，其中最重要的任务之一是语言建模。

语言建模是自然语言处理中的一项基本任务，其目标是根据给定的文本序列，预测下一个单词或字符的概率分布。在GPT中，语言建模被用作预训练任务，其核心思想是通过观察一个词序列中的上下文来预测下一个词。具体来说，GPT使用自回归的方式，在给定前面的词序列的情况下，预测下一个词的概率分布。例如，给定一个句子"今天天气很好，我想去……"，语言模型的任务就是根据上下文来预测下一个可能出现的词，比如"公园"。这种方式下，模型需要学习到词语之间的语义关系、上下文信息以及句子的逻辑结构，从而使模型能够生成连贯、语义合理的文本。

GPT 的预训练目标主要有以下 4 点。

（1）学习通用的语言表示：通过大规模的语言模型预训练，GPT 旨在学习通用的语言表示，使模型能够更好地理解和处理各种自然语言任务。

（2）捕捉长距离依赖关系：由于 Transformer 结构的特点，GPT 能够有效地捕捉文本序列中的长距离依赖关系，从而能够处理更复杂、更长的文本序列。

（3）提高泛化能力：通过预训练阶段的大规模无监督学习，GPT 能够学习到丰富的语言表示，从而提高了模型在下游任务中的泛化能力和性能表现。

（4）生成自然文本：作为一种生成式模型，GPT 的预训练目标还包括生成自然、流畅的文本序列，这使 GPT 在文本生成、对话生成等任务中能够表现出色。

通过这些预训练目标，GPT 在预训练阶段能够学习到丰富的语言表示，为下游任务的迁移学习提供了强大的基础。在实践中，我们可以使用已经在大规模文本数据上预训练好的 GPT 模型，在特定任务上进行微调或直接应用，从而快速有效地解决各种自然语言处理问题。

3.6.2 GPT的结构、原理和应用

GPT 采用了 Transformer 的编码器结构，并将其应用于语言建模任务。下面是 GPT 的主要结构和原理。

（1）GPT 的编码器结构。GPT 由多层 Transformer 编码器组成，每一层都是由自注意力机制层和前馈神经网络层组成。这些层被堆叠在一起，通过逐层处理输入序列，逐步提取输入序列中的语义信息。

（2）语言建模任务。在预训练阶段，GPT 使用大规模的文本数据来进行自监督学习，其中最主要的任务之一是语言建模。GPT 通过给定前面的词序列，来预测下一个词的概率分布。这种方式下，模型需要学习到词语之间的语义关系、上下文信息以及句子的逻辑结构，从而使模型能够生成连贯、语义合理的文本。

（3）无监督预训练。在预训练阶段，GPT 使用大规模的文本语料库进行无监督学习，通过最大化文本序列的似然概率来训练模型参数，从而学习到丰富的语言表示。

（4）微调和迁移学习。在预训练完成后，可以使用微调或迁移学习的方法，在特定任务上进一步训练模型或直接应用已经预训练好的模型。这使 GPT 在文本生成、对话生成、文本分类等任务中能够取得出色的表现。

GPT 通过 Transformer 的编码器结构和语言建模任务的预训练，学习到了丰富

的语言表示，这使它在各种自然语言处理任务中都表现出色。在实践中，我们可以使用已经在大规模文本数据上预训练好的 GPT 模型，在特定任务上进行微调或直接应用，从而快速有效地解决各种自然语言处理问题，比如文本生成和问答系统。

1. 文本生成

GPT 通过预训练学习到了大量的语言表示，因此在文本生成任务中表现出色。在文本生成任务中，给定一个初始文本序列或主题，GPT 可以生成连贯、语义合理的文本。这种能力使 GPT 在各种文本生成任务中得到广泛应用。

- 对话生成：GPT 可以用于生成对话，包括对话系统中的用户回复、聊天机器人的对话等。它能够根据上下文信息和用户输入来生成合适的回复，使对话更加流畅自然。
- 文章摘要生成：给定一篇文章，GPT 可以提炼出关键信息并生成简洁的摘要内容。
- 故事生成：GPT 可以用于生成故事（和其他形式的文学作品），根据作者给定的主题或情节线索，生成连贯的故事情节和人物对话。

2. 问答系统

GPT 还可以应用于问答系统，包括阅读理解、常见问题解答等任务。在问答系统中，给定一个问题，GPT 可以生成相应的答案，这种能力使 GPT 在各种问答任务中表现优异。

- 阅读理解：给定一篇文章和相关问题，GPT 可以基于文章中与问题相关的内容生成答案。它能够理解文章的语义信息，并根据问题内容生成准确的答案。
- 常见问题解答：给定一个常见问题，GPT 可以生成该问题的答案。这种能力使 GPT 可以用于构建智能问答系统，回答用户提出的各种问题。

3.7 深度学习的优化算法

3.7.1 梯度下降和反向传播

在深度学习中，优化算法是训练神经网络模型所必不可少的一部分。优化算法的目标是最小化或最大化损失函数，从而使模型能够更好地拟合训练数据并提高性能。梯度下降是深度学习中常用的优化算法，用于最小化损失函数以优化模型参数。其基本思想是沿着损失函数的负梯度方向更新参数，从而使损失函数逐渐减小。具体步骤如下。

（1）初始化参数：首先，随机初始化模型的参数，例如权重和偏置。

（2）计算梯度：在训练集上计算损失函数关于参数的梯度。梯度是损失函数对每个参数的偏导数，表示了损失函数在当前参数处的变化率。

（3）更新参数：使用梯度信息来更新参数，使损失函数减小。通常采用式

（3-9）所示的公式更新参数。

$$\theta = \theta - \alpha \cdot \nabla L(\theta) \tag{3-9}$$

其中，θ 表示模型参数，α 表示学习率，$\nabla L(\theta)$ 表示损失函数关于参数的梯度。

（4）重复迭代：不断重复步骤（2）和步骤（3），直到达到停止条件，例如达到最大迭代次数或损失函数收敛到某个阈值。

梯度下降有多种变体，包括批量梯度下降（Batch Gradient Descent）、随机梯度下降（Stochastic Gradient Descent）和小批量梯度下降（Mini-batch Gradient Descent）。它们的区别在于每次更新参数时所使用的样本数量。

反向传播是一种高效计算梯度的方法，通常与梯度下降一起使用。它利用链式法则来计算损失函数关于模型参数的梯度。反向传播算法分为两个阶段：前向传播和反向传播。

（1）前向传播：在前向传播阶段，输入样本通过模型进行前向计算，得到模型的输出。计算损失函数并将其传递到网络的输出层。

（2）反向传播：在反向传播阶段，首先计算损失函数关于输出层激活值的梯度，然后利用链式法则逐层计算损失函数关于每一层参数的梯度。最终，将这些梯度用于更新模型参数。

反向传播算法实现了高效的梯度计算，使深度神经网络可以通过梯度下降算法来进行训练。它在深度学习中扮演着至关重要的角色，使训练深度模型变得可行。

梯度下降与反向传播通常结合在一起使用，构成了深度学习模型的训练过程。在每次迭代中，首先通过前向传播计算损失函数，并通过反向传播计算梯度。然后，利用梯度下降更新模型参数，从而使损失函数逐渐减小。

代码 3-17 是使用 PyTorch 实现梯度下降和反向传播的简单示例代码。

代码 3-17

```
import torch
import torch.nn as nn
import torch.optim as optim

# 创建一个简单的线性回归模型
class LinearRegression(nn.Module):
    def __init__(self, input_size, output_size):
        super(LinearRegression, self).__init__()
        self.linear = nn.Linear(input_size, output_size)

    def forward(self, x):
        return self.linear(x)

# 定义训练数据
X_train = torch.tensor([[1.0], [2.0], [3.0], [4.0]])
y_train = torch.tensor([[2.0], [4.0], [6.0], [8.0]])
```

```
# 初始化模型和损失函数
input_size = 1
output_size = 1
model = LinearRegression(input_size, output_size)
criterion = nn.MSELoss()

# 初始化优化器
learning_rate = 0.01
optimizer = optim.SGD(model.parameters(), lr=learning_rate)

# 训练模型
num_epochs = 1000
for epoch in range(num_epochs):
    # 前向传播
    outputs = model(X_train)
    loss = criterion(outputs, y_train)

    # 后向传播和优化
    optimizer.zero_grad()
    loss.backward()
    optimizer.step()

    if (epoch+1) % 100 == 0:
        print ('Epoch [{}/{}], Loss: {:.4f}'.format(epoch+1, num_epochs, loss.item()))

# 使用训练好的模型进行预测
predicted = model(torch.tensor([[5.0]]))
print(' 预测值为 :', predicted.item())
```

代码 3-17 输出结果如下：

```
Epoch [100/1000], Loss: 0.0062
Epoch [200/1000], Loss: 0.0034
Epoch [300/1000], Loss: 0.0019
Epoch [400/1000], Loss: 0.0010
Epoch [500/1000], Loss: 0.0006
Epoch [600/1000], Loss: 0.0003
Epoch [700/1000], Loss: 0.0002
Epoch [800/1000], Loss: 0.0001
Epoch [900/1000], Loss: 0.0001
Epoch [1000/1000], Loss: 0.0000
预测值为：10.009027481079102
```

代码 3-17 演示了如何使用 PyTorch 构建一个简单的线性回归模型，并使用梯度下降和反向传播来训练模型以拟合训练数据。在实践中，梯度下降和反向传播有一些需要注意的地方。

（1）学习率选择：学习率是梯度下降算法中的一个重要超参数，影响着模型训练的速度和稳定性。选择合适的学习率通常需要进行调参。

（2）梯度消失和梯度爆炸：在深度神经网络中，反向传播可能会遇到梯度消失或梯度爆炸的问题，导致训练困难。为了解决这些问题，可以采用一些技巧，例如使用不同的激活函数、权重初始化方法或正则化技术。

（3）优化算法的选择：除了基本的梯度下降算法，还有许多优化算法可以用于训练深度学习模型，包括随机梯度下降、动量法、自适应矩估计（Adam）等。根据具体任务和模型的特性选择合适的优化算法也是非常重要的。

梯度下降和反向传播是深度学习中的核心概念，了解其原理和应用可以帮助我们更好地理解和训练深度神经网络模型。

3.7.2 SGD和Adam

本小节将介绍几种常见的优化算法，包括随机梯度下降（SGD）和自适应矩估计（Adam）等。

1. 随机梯度下降

随机梯度下降是最简单和最常见的优化算法之一。在每次迭代中，SGD 随机选择训练数据的一个子集（小批量），计算其损失函数的梯度，并沿着负梯度的方向更新模型参数。这个过程可以用式（3-10）来描述。

$$\theta_{t+1} = \theta_t - \eta \nabla J(\theta_t; x^{(i)}, y^{(i)}) \tag{3-10}$$

其中，θ_t 是第 t 轮迭代后的模型参数，η 是学习率，$J(\theta_t; x^{(i)}, y^{(i)})$ 是损失函数关于模型参数的梯度，$x^{(i)}$ 和 $y^{(i)}$ 是训练数据的输入和输出。

虽然 SGD 简单且易于实现，但它的收敛速度可能较慢，而且它容易受到局部最小值的影响。因此，人们通常会使用其改进的版本来优化性能。

2. 自适应矩估计

Adam 是一种结合了动量法和自适应学习率调整的优化算法，它在训练神经网络时表现出色。Adam 通过维护一个每个参数的自适应学习率来调整每个参数的学习率。其更新规则如式（3-11）到式（3-15）所示。

$$m = \beta_1 m + (1 - \beta_1) \nabla J(\theta_t) \tag{3-11}$$

$$v = \beta_2 m + [1 - \beta_2](\nabla J(\theta_t))^2 \tag{3-12}$$

$$\hat{m} = \frac{m}{1 - \beta_1^t} \tag{3-13}$$

$$\hat{v} = \frac{v}{1 - \beta_2^t} \tag{3-14}$$

$$\theta_{t+1} = \theta_t - \eta \frac{\hat{m}}{\sqrt{\hat{v}} + \epsilon} \tag{3-15}$$

其中，β_1 和 β_2 是衰减率（通常取接近于 1 的值），m 和 v 是梯度和梯度平方的指数移动平均值，$\hat{m}$和$\hat{v}$是偏差校正后的移动平均值，η是学习率，ϵ是一个很小的数值，用于保持数值稳定性。

Adam 相比于传统的 SGD，收敛速度更快，并且对超参数的选择不那么敏感，因此在训练深度神经网络时被广泛使用。

3. 其他优化算法

除了 SGD 和 Adam，还有许多其他优化算法可被用于深度学习模型的训练，如动量法（Momentum）、Adagrad、RMSprop 等。每种优化算法都有其独特的优点和适用场景，选择哪种优化算法取决于具体的问题和数据。

代码 3-18 是使用 PyTorch 实现 SGD 和 Adam 优化算法的示例代码。

代码 3-18

```
import torch
import torch.nn as nn
import torch.optim as optim

# 创建一个简单的线性回归模型
class LinearRegression(nn.Module):
    def __init__(self, input_size, output_size):
        super(LinearRegression, self).__init__()
        self.linear = nn.Linear(input_size, output_size)

    def forward(self, x):
        return self.linear(x)

# 定义训练数据
x_train = torch.tensor([[1.0], [2.0], [3.0], [4.0]])
y_train = torch.tensor([[2.0], [4.0], [6.0], [8.0]])

# 初始化模型和损失函数
input_size = 1
output_size = 1
model = LinearRegression(input_size, output_size)
criterion = nn.MSELoss()

# 初始化优化器
learning_rate = 0.01
# 使用 SGD 优化器
optimizer_sgd = optim.SGD(model.parameters(), lr=learning_rate)
# 使用 Adam 优化器
optimizer_adam = optim.Adam(model.parameters(), lr=learning_rate)

# 训练模型（使用 SGD 优化器）
num_epochs = 1000
for epoch in range(num_epochs):
```

```
        optimizer_sgd.zero_grad()
        outputs = model(X_train)
        loss = criterion(outputs, y_train)
        loss.backward()
    optimizer_sgd.step()
    if (epoch+1) % 100 == 0:
        print(f'Epoch [{epoch+1}/{num_epochs}], Loss: {loss.item()}')

    # 训练模型（使用 Adam 优化器）
    for epoch in range(num_epochs):
        optimizer_adam.zero_grad()
        outputs = model(X_train)
        loss = criterion(outputs, y_train)
        loss.backward()
    optimizer_adam.step()
    if (epoch+1) % 100 == 0:
        print(f'Epoch [{epoch+1}/{num_epochs}], Loss: {loss.item()}')
```

代码 3-18 输出结果如下：

```
Epoch [100/1000], Loss: 0.012460379861295223
Epoch [200/1000], Loss: 0.006840607617050409
Epoch [300/1000], Loss: 0.0037554053124040365
Epoch [400/1000], Loss: 0.002061659237369895
Epoch [500/1000], Loss: 0.0011318314354866743
Epoch [600/1000], Loss: 0.00062135769985561621
Epoch [700/1000], Loss: 0.00034112125528590113
Epoch [800/1000], Loss: 0.00018726856797002256
Epoch [900/1000], Loss: 0.00010280679271090776
Epoch [1000/1000], Loss: 5.6440741900587454e-05
Epoch [100/1000], Loss: 1.134245053435734e-08
Epoch [200/1000], Loss: 2.842170943040401e-14
Epoch [300/1000], Loss: 1.8474111129762605e-13
Epoch [400/1000], Loss: 0.0
Epoch [500/1000], Loss: 0.0
Epoch [600/1000], Loss: 0.0
Epoch [700/1000], Loss: 0.0
Epoch [800/1000], Loss: 0.0
Epoch [900/1000], Loss: 0.0
```

3.7.3 学习率调整策略

学习率调整策略是深度学习中非常重要的一部分，它可以影响模型的收敛速度和性能。在训练过程中，随着模型参数的更新，逐渐减小学习率可以帮助模型更好地收敛到最优解，同时还可以提高模型的泛化能力。本小节将介绍几种常见的学习率调整策略，包括学习率衰减、动态学习率和自适应学习率。

1. 学习率衰减

学习率衰减是一种简单而有效的学习率调整策略，它在训练过程中逐渐减小学习率，以使模型更好地收敛。常见的学习率衰减方法包括指数衰减、步数衰减等。

■ 指数衰减：学习率按照指数函数进行衰减，其计算公式如式（3-16）所示。

$$\eta_t = \eta_0 \times decay\_rate^{\frac{t}{decay\_steps}} \tag{3-16}$$

其中，η_t 是第 t 轮迭代后的学习率，η_0 是初始学习率，decay_rate 是衰减率，decay_steps 是衰减步数。

■ 步数衰减：在预先设定的步数间隔内，学习率保持不变，在每个步数间隔结束后，学习率按照一定的比例进行衰减。

2. 动态学习率

动态学习率调整策略根据模型训练的情况动态地调整学习率。常见的动态学习率调整方法包括周期性调整、基于验证集的调整等。

■ 周期性调整：在训练过程中周期性地调整学习率，例如每个固定的迭代周期调整一次学习率。

■ 基于验证集的调整：根据验证集的性能指标动态地调整学习率，例如当验证集上的性能不再提升时降低学习率，以防止过拟合。

3. 自适应学习率

自适应学习率调整策略根据模型训练过程中的梯度信息自适应地调整学习率。常见的自适应学习率调整方法包括 Adagrad、RMSprop 和 Adam 等。

■ Adagrad：自适应地调整每个参数的学习率，对稀疏梯度有较好的效果。

■ RMSprop：对 Adagrad 进行了改进，通过指数加权移动平均来调整学习率，解决了 Adagrad 学习率下降过快的问题。

■ Adam：结合了动量法和自适应学习率调整，适用于训练深度神经网络。

4. 示例代码

代码 3-19 是使用 PyTorch 实现学习率调整策略的示例代码。

代码 3-19

```python
import torch
import torch.optim as optim
from torch.optim.lr_scheduler import StepLR, ExponentialLR

# 定义模型和损失函数
class LinearRegression(torch.nn.Module):
    def __init__(self, input_size, output_size):
        super(LinearRegression, self).__init__()
        self.linear = torch.nn.Linear(input_size, output_size)
    def forward(self, x):
```

```
            return self.linear(x)

model = LinearRegression(1, 1)
criterion = torch.nn.MSELoss()

# 定义优化器
optimizer = optim.SGD(model.parameters(), lr=0.1)

# 定义学习率调度器
# 按照步数衰减
scheduler_step = StepLR(optimizer, step_size=30, gamma=0.1)
# 按照指数衰减
scheduler_exp = ExponentialLR(optimizer, gamma=0.95)

# 训练模型
num_epochs = 10
for epoch in range(num_epochs):
    # 执行学习率调度
    scheduler_step.step()
    # scheduler_exp.step()

    # 其他训练步骤
    optimizer.zero_grad()
    outputs = model(torch.tensor([[1.], [2.], [3.], [4.]]))
    labels = torch.tensor([[2.], [4.], [6.], [8.]])
    loss = criterion(outputs, labels)
    loss.backward()
    optimizer.step()
    print(f'Epoch [{epoch+1}/{num_epochs}], Loss: {loss.item()}')
```

代码 3-19 输出结果如下：

```
Epoch [1/10], Loss: 26.251434326171875
Epoch [2/10], Loss: 11.85987663269043
Epoch [3/10], Loss: 5.39399528503418
Epoch [4/10], Loss: 2.4868557453155518
Epoch [5/10], Loss: 1.17776679992267578
Epoch [6/10], Loss: 0.5863988399505615
Epoch [7/10], Loss: 0.317487895488739
Epoch [8/10], Loss: 0.19355466961860657
Epoch [9/10], Loss: 0.1349024474620819
Epoch [10/10], Loss: 0.10573752224445343
```

代码 3-19 演示了如何使用 PyTorch 实现学习率调整策略，其中 StepLR 和 ExponentialLR 分别代表了步数衰减和指数衰减的学习率调度器。在每个训练周期中，首先执行学习率调度器来调整学习率，然后执行其他训练步骤。

在深度学习中，过拟合是一个常见的问题，特别是在模型参数较多、数据量较少的情况下。为了解决过拟合问题，正则化方法被广泛应用于深度学习模型中。L1和 L2 正则化是两种常见的正则化方法，它们通过对模型参数进行惩罚来限制模型的复杂度，从而降低过拟合的风险。本小节将介绍 L1 和 L2 正则化的原理、应用场景以及在 PyTorch 中的实现方式。

1. L1正则化

L1 正则化，也称为 Lasso 正则化，是通过向损失函数添加权重向量的 L1 范数来实现的。L1 正则化的损失函数表达式如式（3-17）所示。

$$L_{L1} = L_{data} + \lambda \sum_{i=1}^{n} |w_i| \qquad (3\text{-}17)$$

其中，L_{data} 是数据损失，w_i 是模型的权重参数，n 是权重参数的数量，λ 是正则化系数，用于控制正则化项的权重。

L1 正则化的特点是可以将部分权重参数压缩为 0，从而实现模型的稀疏性，即使在高维数据集上也能有效地减少模型的复杂度。L1 正则化适用于需要稀疏模型的场景，例如特征选择和稀疏表示学习。

2. L2正则化

L2 正则化，也称为 Ridge 正则化，是通过向损失函数添加权重向量的 L2 范数来实现的。L2 正则化的损失函数表达式如式（3-18）所示。

$$L_{L2} = L_{data} + \lambda \sum_{i=1}^{n} |w_i^2| \qquad (3\text{-}18)$$

其中，L_{data} 是数据损失，w_i 是模型的权重参数，n 是权重参数的数量，λ 是正则化系数，用于控制正则化项的权重。

与 L1 正则化相比，L2 正则化不会将权重参数压缩为 0，但会限制权重参数的大小，从而减少模型的复杂度。L2 正则化适用于需要防止过拟合和提高模型泛化能力的场景，例如图像分类和语音识别等。

3. 代码实现

在 PyTorch 中，可以通过在优化器中添加正则化项来实现 L1 和 L2 正则化。代码 3-20 是使用 PyTorch 实现 L1 和 L2 正则化的示例代码。

代码 3-20

```
import torch
import torch.nn as nn
import torch.optim as optim
```

```
# 定义模型
class Model(nn.Module):
    def __init__(self):
        super(Model, self).__init__()
        self.fc = nn.Linear(10, 1)

    def forward(self, x):
        return self.fc(x)

# 创建模型实例
model = Model()

# 定义损失函数
criterion = nn.MSELoss()

# 定义优化器，并添加正则化项
optimizer = optim.SGD(model.parameters(), lr=0.01, weight_decay=1e-5)  # 添加 L2 正则化项
# L1 正则化，首先定义优化器，不使用 weight_decay 参数
# optimizer = optim.SGD(model.parameters(), lr=0.01)
# L1 正则化
# lambda_l1 = 1e-5

# 训练模型
num_epochs = 10
for epoch in range(num_epochs):
    optimizer.zero_grad()
    inputs = torch.randn(32, 10)  # 示例输入
    targets = torch.randn(32, 1)   # 示例目标
    outputs = model(inputs)
    loss = criterion(outputs, targets)
    loss.backward()
    optimizer.step()

    print(f'Epoch [{epoch+1}/{num_epochs}], Loss: {loss.item()}')
    print(f'Middle result: {outputs.mean()}')  # 打印中间结果
```

代码 3-20 输出结果如下：

```
Epoch [1/10], Loss: 1.7510284185409546
Middle result: 0.08758746087551117
Epoch [2/10], Loss: 1.111649990081787
Middle result: 0.17997972667217255
Epoch [3/10], Loss: 1.3870733976364136
Middle result: −0.0567576065659523
Epoch [4/10], Loss: 1.1154534816741943
Middle result: 0.09368398040533066
```

```
Epoch [5/10], Loss: 1.5856430530548096
Middle result: 0.12608633935451508
Epoch [6/10], Loss: 1.497839093208313
Middle result: 0.102229043841362
Epoch [7/10], Loss: 1.0895932912826538
Middle result: 0.07559868693351746
Epoch [8/10], Loss: 0.9622405767440796
Middle result: 0.02605186030268669
Epoch [9/10], Loss: 2.074073076248169
Middle result: 0.06063389778137207
Epoch [10/10], Loss: 1.654354214668274
Middle result: 0.05775585025548935
```

在代码 3-20 中，我们通过在创建优化器时设置 weight_decay 参数来添加 L2 正则化项。如果要添加 L1 正则化项，只需要用类似的方法来进行处理。

3.8.2　Dropout和Batch Normalization

在深度学习模型训练过程中，过拟合和梯度消失 / 梯度爆炸是两个常见的问题。Dropout 和 Batch Normalization 是两种常用的技术，用于解决这些问题，提高模型的泛化能力和训练速度。本小节将介绍 Dropout 和 Batch Normalization 的原理、应用场景以及在 PyTorch 中的实现方式。

1. Dropout

Dropout 是一种在训练过程中随机关闭神经元的技术，其原理是通过在每个训练批次中随机删除一部分神经元的连接来减少神经网络的复杂度。Dropout 的主要思想是减少神经元之间的依赖关系，从而减少过拟合的风险。在测试阶段，不再进行随机删除，而是保留所有神经元并按照一定的比例缩放其权重，以保持期望输出不变。

Dropout 的优点包括简单易实现、能够减少过拟合、提高模型泛化能力等。它适用于各种类型的深度学习模型，并且在实践中被广泛应用。Dropout 适用于需要降低模型复杂度、减少过拟合的场景，特别是在参数较多的情况下。

2. Batch Normalization

Batch Normalization 是一种用于加速深度神经网络训练过程、提高模型稳定性的技术。其原理是对每一层的输入进行归一化处理，使其均值为 0、方差为 1，并通过可学习的缩放因子和平移因子进行调整。Batch Normalization 在每个 mini-batch 的数据上进行归一化处理，从而减少了内部协变量偏移，使网络更容易训练。

Batch Normalization 的优点包括加速收敛、降低对初始参数选择的敏感性、提高模型的泛化能力等。它在卷积神经网络、全连接神经网络等深度学习模型中都取得了显著的效果。Batch Normalization 适用于深度神经网络模型，特别是在训练速度较慢、收敛困难的情况下，能够加速模型的收敛过程。

3. 代码实现

在 PyTorch 中，可以通过在模型定义中添加 Dropout 层和 Batch Normalization 层来实现 Dropout 和 Batch Normalization。代码 3-21 是使用 PyTorch 实现 Dropout 和 Batch Normalization 的示例代码。

代码 3-21

```
import torch
import torch.nn as nn

# 定义模型
class Model(nn.Module):
    def __init__(self):
        super(Model, self).__init__()
        self.fc1 = nn.Linear(10, 100)
        self.dropout = nn.Dropout(p=0.5)  # 添加 Dropout 层
        self.fc2 = nn.Linear(100, 10)
        self.bn = nn.BatchNorm1d(100)  # 添加 Batch Normalization 层

    def forward(self, x):
        x = torch.relu(self.fc1(x))
        x = self.dropout(x)
        x = self.bn(x)
        x = self.fc2(x)
        return x

# 创建模型实例
model = Model()
```

代码 3-21 输出结果如下：

```
Model(
    (fc1): Linear(in_features=10, out_features=100, bias=True)
    (dropout): Dropout(p=0.5, inplace=False)
    (fc2): Linear(in_features=100, out_features=10, bias=True)
    (bn): BatchNorm1d(100, eps=1e-05, momentum=0.1, affine=True, track_running_stats=True)
)
```

代码 3-21 通过在模型定义中添加 nn.Dropout 层和 nn.BatchNorm1d 层来实现 Dropout 和 Batch Normalization。在训练过程中，PyTorch 会自动处理 Dropout 层和 Batch Normalization 层的状态，而在测试过程中，这些层的行为会发生变化以保持一致。

第 4 章
自然语言处理基础

4.1　基础知识

　　自然语言处理是典型的边缘交叉学科，它涉及语言学、计算机科学、统计学和人工智能等多个学科。它的研究目标是让计算机像人类一样理解、处理和生成自然语言，从而实现人和计算机之间的无缝沟通。其中，分词、关键词提取和摘要提取是自然语言处理的基础。它们能够将复杂的自然语言文本转化为计算机可以处理的形式，为文本分类、信息检索和语义分析等任务提供重要的支持。

　　首先，分词算法是自然语言处理中一个非常基础的算法，它在很多应用场景中都起到了关键作用。因为中文文本中的汉字没有像英文单词一样被空格隔开，所以分词算法对中文文本的处理显得尤为重要。一个好的分词算法可以将一段自然语言文本划分成一个个有意义的词语，从而使计算机更好地理解文本的语义和结构。此外，分词算法还可以为后续的自然语言处理任务（如词性标注、命名实体的识别和情感分析等）提供有力的支持。除了中文文本处理，分词算法也在其他语言的文本处理中发挥着重要作用。在英文文本处理中，分词算法通常将一段文本分解成一个个单词，从而便于后续的文本处理和分析。同时，随着机器学习和深度学习等技术的发展，也出现了基于神经网络的分词算法，它们可以自动学习语言的规则和特征，从而提高分词的准确性和效率。

　　其次，关键词提取可以计算关键词的权重和重要性，并根据不同任务的需求进行相应的调整。一些流行的自然语言处理的关键词提取方法包括 TF-IDF 算法、TextRank 算法和 LSA/LDA 模型。在信息检索领域，关键词提取是搜索引擎的基础之一，通过提取文本中的关键词来实现精准的搜索结果。在情感分析领域，关键词提取可以帮助识别文本中所涉及的主题和情感色彩，进而进行情感倾向的判断和分类。

　　最后，摘要提取可以基于不同的目标生成不同类型的摘要，例如提取文章的主题、概括文章的内容、总结文章的结论等。摘要提取通常可以基于统计方法、图论方法和深度学习方法来实现。而在实际应用中，一个好的摘要提取算法应该能够准确地提取出文本的关键信息，同时保持原始文章的准确性和连贯性。因此，摘要提取算法也经常被用来评估自然语言处理算法。

4.1.1　分词算法

　　分词是自然语言处理中非常基础的一项技术，它在将自然语言文本转换为计算机能够理解和处理的形式上起着至关重要的作用。分词算法将一段自然语言文本划分成一个个有意义的词语，这些词语可以被看作一个个基本的语言单元，类似于英文中的单词。对于中文文本处理来说，分词算法显得更为重要。因为中文是以汉字为基本语言单元的，不像英文中的单词一样被空格隔开，所以需要借助分词技术来进行处理。

分词技术可被应用于各种自然语言处理任务，如文本搜索、文本分类、机器翻译、信息提取和文本挖掘等。例如，在搜索引擎中，需要先将用户输入的查询语句进行分词，将其转化为一系列有意义的关键词，然后再进行匹配和排序，以提供最相关的搜索结果。在文本分类任务中，分词可以将文本处理成一系列有意义的词语，从而提取文本的主题和内容特征，以便对文本进行分类。

因此，分词算法的重要性不言而喻，一个优秀的分词算法可以大大提高后续自然语言处理任务的效率和准确性，从而更好地满足人们对自然语言处理的需求。

分词算法按照实现方式和理论基础的不同可以分为多种类型。下面是一些常见的分词算法。

1. 基于规则的分词算法

基于规则的分词算法使用预先定义好的规则和语法规范将文本分割成单词。例如，通过定义分隔符、标点符号和特定的词语结构规则将文本分割成有意义的词语。这种算法的优点是精度高、可解释性强，缺点是需要人工定义规则，对语料库的要求较高。常见的基于规则的分词算法包括正向最大匹配、逆向最大匹配、双向最大匹配和基于词典的分词算法等。

- 正向最大匹配分词算法：该算法是指从左到右依次取出文本中的若干字符，与词典中的最长词语进行匹配，若匹配成功，则将该词作为分词结果；否则，继续向右取字符进行匹配。该算法的优点是速度快，但存在切分错误和未登录词的问题。例如，对于文本"中华人民共和国"，如果使用最大匹配算法，按照词典匹配的优先顺序，将匹配到"中华""人民""共和国"3个词，即分词结果为"中华 / 人民 / 共和国"。

- 逆向最大匹配分词算法：该算法与正向最大匹配类似，只不过是从右到左依次取出文本中的若干字符，与词典中的最长词语进行匹配。同样，该算法也存在切分错误和未登录词的问题。

- 双向最大匹配分词算法：该算法结合了正向最大匹配和逆向最大匹配的优点，先进行正向最大匹配，再进行逆向最大匹配，最后根据某种规则合并两种结果。该算法可以有效减少切分错误，但仍然存在未登录词的问题。

- 基于词典的分词算法。该算法先将词典中的所有词语进行预处理，构建成一个有序的数据结构（如字典树、哈希表等），然后对输入文本进行扫描，逐个匹配词典中的词语，若匹配成功则将该词作为分词结果，否则继续向后扫描。该算法的优点是可扩展性强，可以方便地添加新的词语，但对于未登录词的处理较为困难。例如，对于文本"自然语言处理"，如果使用基于词典的分词算法，可以在词典中找到"自然""语言"和"处理"3个词，即分词结果为"自然/语言/处理"。

2. 基于统计的分词算法

基于统计的分词算法是指利用语言模型对语料进行统计分析，从而得出最可能的词语序列。常用的基于统计的分词算法如下。

- 隐马尔可夫模型（Hidden Markov Model，HMM）分词算法。隐马尔可夫模型是一种统计模型，可以用于对序列数据进行建模。在分词中，可以将分词问题转化为序列标注问题，即给定一个句子，标注出每个词的词性。HMM分词算法就是利用隐马尔可夫模型对句子进行分词。具体来说，HMM分词算法假设每个字只依赖于前面若干个字的状态，然后利用基于已知语料的统计模型，确定最可能的状态序列。

- 条件随机场（Conditional Random Field，CRF）分词算法。条件随机场是一种概率图模型，可以用于序列标注和分词等任务。CRF分词算法是基于条件随机场的分词算法，它与HMM分词相似，都是将分词问题转化为序列标注问题。不同之处在于，CRF分词算法不仅考虑了当前字的前面若干个字的状态，还考虑了当前字的后面若干个字的状态，从而可以更好地处理上下文信息。

这些算法各有优缺点，选择合适的算法需要根据具体的应用场景进行评估和选择。

3. 基于深度学习的分词算法

基于深度学习的分词算法主要包括基于卷积神经网络、循环神经网络和Transformer的分词算法。

- 基于卷积神经网络的分词算法。卷积神经网络是一种能够处理高维数据的神经网络模型，被广泛用于图像识别和自然语言处理领域。在分词任务中，卷积神经网络可以将文本中的每个字作为输入，通过多个卷积核对文本进行卷积操作，提取不同长度的特征，并将这些特征进行拼接，最后通过全连接层输出分词结果。其中，常用的是基于字符级别的卷积神经网络，如Jieba分词中的Char-CNN模型。

- 基于循环神经网络的分词算法。循环神经网络是一种具有记忆功能的神经网络模型，可以处理序列数据。在分词任务中，循环神经网络可以将文本中的每个字作为输入，通过隐藏层的记忆单元对文本进行处理，产生一个状态表示，最后通过全连接层输出分词结果。其中，常用的是基于双向长短时记忆网络的分词算法，如中文分词器THULAC。

- 基于Transformer的分词算法。Transformer是一种完全基于注意力机制的神经网络模型，用于序列到序列的学习任务。在分词任务中，基于Transformer的模型可以将文本中的每个字作为输入，通过自注意力机制和多头注意力机制对文本进行编码，最后通过全连接层输出分词结果。其中，常用的是 BERT 分词器。

相比于基于规则和基于统计的分词算法，基于深度学习的分词算法可以更好地处理复杂的语言规则和语境信息，具有更高的准确率和鲁棒性。

如何评估分词算法的性能呢？一般采用的评估指标包括准确率、召回率、F1值等。

（1）准确率（precision）。准确率指的是分词结果中正确的词语数量占分词器输出的所有词语数量的比例。它反映了分词器的准确性，即分出的词语中有多少是正确的。准确率的计算如式（4-1）所示。

$$precision= (TP+FP)/TP \qquad\qquad (4\text{-}1)$$

其中，TP 表示真正例（正确分出的词语数量），FP 表示假正例（错误分出的词语数量）。

（2）召回率（recall）。召回率指的是分词结果中正确的词语数量占原始文本中所有词语数量的比例。它反映了分词器对原始文本的覆盖程度，即原始文本中有多少词语被正确分出。召回率的计算如式（4-2）所示。

$$recall= (TP+FN)/TP \qquad\qquad (4\text{-}2)$$

其中，TP 表示真正例，FN 表示假负例（未分出的词语数量）。

（3）F1 值。F1 值是准确率和召回率的调和平均数，它综合了分词器的准确率和召回率。F1 值的计算如式（4-3）所示。

$$F1=(2 \cdot precision \cdot recall)/(precision+recall) \qquad\qquad (4\text{-}3)$$

F1 值越高，表示分词器的性能越好。

除了上述评估指标，还可以使用交叉验证、留出法等方法对分词算法进行评估。交叉验证是将数据集划分为训练集和测试集，多次对数据集进行划分，得到多组结果进行平均，从而评估模型的性能。留出法则是将数据集划分为训练集和验证集，用验证集来评估模型的性能，从而调整模型的参数。

4.1.2 关键词提取

关键词提取是指从一篇文本中自动提取出最具代表性的关键词，用于概括文本的主题和内容。关键词提取是自然语言处理中的一项基础任务，也是文本处理和信息检索中的重要工具。在大规模的文本数据中，通过关键词提取，计算机可以快速、高效地理解文本的主题和内容，为后续的文本处理和信息检索提供支持。

关键词提取可被应用于多个领域，如搜索引擎优化、文本分类、信息过滤和情感分析等。例如，在搜索引擎中，关键词提取可以用于分析用户查询意图，从而返回相关的搜索结果。在文本分类和信息过滤中，关键词提取可以帮助分类算法识别文本的主题和类型，从而更好地进行分类和过滤。在情感分析中，关键词提取可以用于识别文本中的情感词汇，帮助算法判断文本的情感倾向。

关键词提取是一项自然语言处理任务，涉及多种不同的方法和算法。以下是主要的关键词提取方法和算法。

1. 基于词频（Term Frequency，TF）的方法

这是最简单的关键词提取方法，其基本思想是通过统计词汇在文本中出现的频率来识别关键词。词频越高的词汇，通常意味着它们在文本中越重要。但是，这种方法的缺点是会忽略词汇的语义信息，可能会将一些常见的词汇误判为关键词。常见的基于词频的关键词提取算法有以下 3 种。

（1）常规词频算法。该算法直接统计文本中每个词出现的频率，根据出现频率的高低进行排序然后选取前几个词作为关键词。这种算法的缺点是不能准确区分词性，例如"打"既可以是动词也可以是名词，在不同的上下文中含义不同，但算法无法区分。

（2）停用词过滤算法。停用词是指在自然语言文本中频繁出现但缺少实际含义的词，如"的""了""是"等。该算法会先去除文本中的停用词，再统计每个词出现的频率，并选取频率较高的词作为关键词。该算法的优点是能够提高关键词的准确性，但缺点是可能会忽略掉一些有意义的停用词。

（3）TF（词频）算法。该算法根据每个词在文本中出现的次数和文本中所有词的总数来计算每个词的词频，然后选取词频较高的词作为关键词。该算法的优点是简单易实现，缺点是不能很好地处理长文本，因为长文本中重复出现的词频率较高，但它们不一定是关键词。

2. 基于词频-逆文档频率（Term Frequency-Inverse Document Frequency，TF-IDF）的方法

这是一种常见的关键词提取方法，它考虑了词汇在文本集合中的重要性和在文本中的出现频率。该方法通过计算一个词汇在文本中的出现频率和在整个文本集合中的出现频率之比，来衡量该词汇的重要性。在这种方法中，如果某个词汇在某个文档中出现频率高，但在整个文本集合中出现频率较低，则认为该词汇是一个重要的关键词。基于 TF-IDF 的关键词提取算法有以下 3 种。

（1）TextRank 算法。TextRank 算法是一种基于图论的关键词提取算法，它利用词语之间的共现关系构建图，然后使用 PageRank 算法对图中的词语进行排序。TextRank 算法可以对单篇文档或多篇文档进行关键词提取，常用于文本摘要和关键词提取任务中。

（2）RAKE 算法。RAKE（Rapid Automatic Keyword Extraction，快速自动提取关键词）算法是一种基于 TF-IDF 的关键词提取算法，它可以从文本中提取出短语级别的关键词。RAKE算法首先对文本进行分词，然后计算每个词语的TF-IDF权重，接着通过考虑词语之间的共现关系，计算每个短语的权重，并按权重进行排序。

（3）TF-IDF-IR 算法。TF-IDF-IR 算法是一种基于 TF-IDF 的关键词提取算法，它使用了信息检索的思想。TF-IDF-IR 算法首先对文本进行分词，然后计算每个词

语的 TF-IDF 权重。接着，它使用 BM25 算法计算每个词语的得分，最后按得分进行排序。TF-IDF-IR 算法常用于文本分类和信息检索任务中。

3. 基于主题模型的方法

主题模型是一种能够自动抽取文本主题的技术。这种方法通过建立主题和词汇之间的概率模型，来识别文本中的主题和关键词。常用的主题模型算法如下。

（1）潜在狄利克雷分配（Latent Dirichlet Allocation，LDA）是一种常见的主题模型算法，可以对文本中的主题进行建模。在 LDA 中，每个主题表示为词的分布，每个文档表示为主题的分布。关键词提取可以通过计算每个主题中单词的权重来完成。具体来说，可以对于每个主题，计算其中每个单词的权重，然后选择具有最高权重的单词作为关键词。

（2）分层狄利克雷过程（Hierarchical Dirichlet Process，HDP）是一种主题模型算法，可以自动学习主题数量。HDP 算法中每个文档都有一个主题分布，而每个主题也有一个词分布。关键词提取可以通过选择具有高权重的单词作为关键词。

（3）词对主题模型（Biterm Topic Model，BTM）是一种主题模型算法，可以对文本数据进行建模。BTM 算法中，每个文档都表示为一组 Biterm，其中每个 Biterm 由两个单词组成。在 BTM 中，主题表示为单词的分布。关键词提取可以通过计算每个主题中单词的权重来完成。

4. 基于深度学习的方法

近年来，深度学习技术在自然语言处理领域得到了广泛应用。这种方法通常基于深度神经网络模型，通过对大量文本数据进行训练，来自动提取文本中的关键词。例如，可以使用 CNN、RNN 等模型来进行关键词提取。

（1）基于神经网络的关键词提取算法。

- TextRank+Word2Vec：利用 TextRank 算法和 Word2Vec 模型提取关键词。首先利用 TextRank 算法构建图模型，然后将每个节点表示成一个词向量，利用 Word2Vec 训练得到。最后根据节点的 PageRank 值和词向量相似度，选择排名前几的节点作为关键词。

- RNN+Attention：利用 RNN 和注意力（Attention）机制提取关键词。通过将文本输入 RNN 中，得到每个词的表示。然后，通过 Attention 机制，对每个词进行加权，得到其在文本中的重要程度，选取权重最高的词作为关键词。

- Seq2Seq+RL：利用序列到序列（Seq2Seq）模型和强化学习（Reinforcement Learning，RL）提取关键词。首先将文本分词后输入 Seq2Seq 模型中，得到每个词的概率分布。然后，利用 RL 算法对模型进行训练，使其输出的词序列能够最大化文本的关键信息。

（2）基于深度学习的图模型的关键词提取算法。

- 利用图卷积网络（Graph Convolutional Network，GCN）提取关键词。将文

本转化为图结构，每个词作为一个节点，利用 GCN 模型对节点进行聚合，得到节点的表示。最后根据节点的表示和重要性选取关键词。

- 利用图注意力网络（Graph Attention Network，GAT）提取关键词。将文本转化为图结构，每个词作为一个节点，利用 GAT 模型对节点进行聚合，得到节点的表示。然后根据节点表示和注意力权重选取关键词。
- 利用层次注意力网络（Hierarchical Attention Network，HAN）提取关键词。将文本转化为层次结构，每个层次对应一个注意力机制，对文本的不同层次进行建模，得到每个词的表示和权重，选取权重最高的词作为关键词。

关键词提取算法各有优缺点，根据不同应用场景和需求，选择适合的算法可以提高关键词提取的效果。

- 基于 TF 的算法优点是简单易懂、计算速度快，适用于短文本，缺点是无法考虑到词汇的重要性和语义信息。
- 基于 TF-IDF 的算法优点是可以考虑到词汇的重要性、适用于长文本和语料库，缺点是不能考虑到词汇之间的关系。
- 基于图论的算法优点是可以考虑到词汇之间的关系，提取的关键词更加准确，缺点是算法复杂度较高，运行速度较慢。
- 基于主题模型的算法优点是可以挖掘出文本背后的主题信息，适用于文本分类和主题分析，缺点是需要较大的语料库支持。
- 基于深度学习的算法优点是可以自动学习语言特征，适用于各种文本类型，缺点是需要大量的数据和计算资源支持。

在选择算法时，需要根据具体应用场景和需求进行综合考虑，同时需要进行算法的评估和比较。常见的评估指标包括准确率、召回率、F1 值等，可以通过人工标注关键词和自动提取关键词进行比较。同时还需要考虑算法的计算速度、内存占用等实际应用的限制因素。

关键词提取算法在实际应用中有广泛的应用场景，举例如下：

- 搜索引擎。搜索引擎需要从海量的文本数据中快速、准确地提取关键词，以便为用户提供准确的搜索结果。关键词提取算法可以帮助搜索引擎更好地理解用户的查询意图，并提供更加精准的搜索结果。
- 文本分类。在文本分类任务中，关键词提取算法可以自动地识别和提取文本中最重要的关键词，从而帮助分类算法更好地理解文本的主题和内容，提高分类的准确性。
- 情感分析。在情感分析任务中，关键词提取算法可以自动地提取文本中表达情感的关键词，从而分析文本的情感倾向。例如，在对某个产品进行情感分析时，可以通过提取用户评论中的关键词来确定用户对产品的喜好和原因。
- 摘要提取。在文本摘要提取任务中，关键词提取算法可以自动地识别和提取文本中最重要的关键词，从而帮助摘要算法更好地理解文本的主题和内容，并生成更加准确、全面的文本摘要。

在实际应用中，关键词提取算法的效果取决于具体的场景和需求。例如，在搜索引擎场景中，需要快速、准确地提取关键词，因此基于 TF 或 TF-IDF 的算法可能更加适合。而在一些需要考虑文本主题和内容的任务（如文本分类和摘要提取）中，基于主题模型的算法可能更加有效。此外，需要根据具体的数据集和评估指标来选择最合适的算法，并进行实验验证以确保算法的效果。

4.1.3 摘要提取

摘要提取是指从一篇文本中自动提取出最具代表性的内容概括，用于快速了解文本主题和内容。摘要提取是文本处理和信息检索中的重要任务，它可以帮助人们快速了解大量的文本信息，从而提高工作效率和效益。摘要提取技术广泛应用于新闻报道、科技文献、商业报告、论文摘要等领域，是文本自动化处理的重要组成部分。

同时，摘要提取技术也可以应用于自动化文本处理、信息过滤、舆情监测、知识管理等领域，具有广泛的应用价值。

摘要提取通常有以下算法。

1. 基于统计的算法

这种算法主要基于文本中词语的频率、出现位置、权重等信息，从而提取出具有代表性的词语或句子组成摘要。常用的算法包括基于 TF-IDF 的算法、TextRank 算法等。

（1）基于 TF-IDF 的算法。基于 TF-IDF 的算法利用词语在文本中的频率来评估它的重要性。算法首先计算每个词语在文本中出现的次数，然后对每个词语的 TF-IDF 进行加权计算，从而得到每个词语的重要性得分。摘要提取时，根据每个句子中的关键词重要性得分来确定句子的重要性，然后选择排名靠前的若干句子作为摘要。

（2）TextRank 算法。TextRank 算法是一种基于图论的摘要提取算法，它将文本中的句子看作节点，使用共现关系构建图结构，并计算每个句子的 PageRank 值作为句子的重要性得分。摘要提取时，选择 PageRank 值最高的若干句子作为摘要。

（3）LSA 算法。LSA 算法是一种基于矩阵分解的摘要提取算法，它使用奇异值分解将文本矩阵分解为两个低维矩阵，并利用这两个矩阵计算每个句子的主题分布。摘要提取时，根据每个句子的主题分布和重要性得分来选择排名靠前的若干句子作为摘要。

（4）LexRank 算法。LexRank 算法是一种基于词汇链的摘要提取算法，它通过计算每个句子之间的相似度来构建句子之间的词汇链，并利用 PageRank 算法计算每个句子的重要性得分。摘要提取时，根据每个句子的重要性得分来选择排名靠前的若干句子作为摘要。

2. 基于机器学习的算法

这种算法基于已标注的文本数据集训练模型，通过模型推断新的文本数据集中哪些词语或句子比较重要，将它们组成摘要。以下是 3 种常用的算法。

（1）SVM（支持向量机）算法。SVM 算法是一种常用的监督学习算法，它可以根据训练数据来学习摘要提取的模型，然后用这个模型来对新的文本进行摘要提取。SVM 算法常用的特征包括词频、位置和文本长度等。

（2）随机森林算法。随机森林算法是一种集成学习算法，它可以将多个决策树进行集成，提高模型的准确率和鲁棒性。在摘要提取中，随机森林算法可以用来进行特征选择和提取，从而减少特征空间和模型的计算复杂度。

（3）聚类算法。聚类算法是一种非监督学习算法，它可以将文本数据分为多个不同的簇，每个簇都代表了一组相关的文本。在摘要提取中，聚类算法可以将相似的文本归为一类，并提取每个类别的代表性摘要。

3. 基于深度学习的算法

这种算法利用深度神经网络进行特征提取和推断，可以根据文本中的上下文关系、语义信息等综合判断哪些词语或句子具有代表性。以下是 4 种常用的算法。

（1）Seq2Seq 模型算法。Seq2Seq 模型最初是为机器翻译任务设计的，后来被应用于文本摘要。它由编码器和解码器两部分组成，编码器将输入文本编码成固定长度的向量，解码器生成摘要。

（2）Transformer 模型算法。Transformer 模型是一种基于自注意力机制的深度神经网络模型，它的编码器和解码器都是由多层自注意力层和前馈神经网络组成。Transformer 模型在文本摘要领域的应用效果较好，如 BERT 模型等。

（3）Pointer-Generator 模型算法。Pointer-Generator 模型可以生成新的摘要词语，同时也可以从原始文本中复制词语，以避免漏掉重要信息。它结合了 Seq2Seq 和指针网络的思想，使模型可以从输入文本中直接复制关键信息。

（4）RL 模型算法。RL 模型通过模拟人类的行为方式，利用奖励机制来训练模型。在摘要生成中，RL 模型可以通过学习生成的摘要与参考摘要的差异来优化模型。

在摘要提取任务中，通常使用以下评估指标来衡量算法的性能。

（1）ROUGE：Recall-Oriented Understudy for Gisting Evaluation，是一种广泛使用的自动摘要评估指标，包括 ROUGE-1、ROUGE-2、ROUGE-L 等。其中，ROUGE-1 表示单个单词的重叠率，ROUGE-2 表示双词重叠率，ROUGE-L 则考虑了最长公共子序列（Longest Common Subsequence，LCS）的长度，用于衡量摘要与参考摘要之间的相似度。具体而言，ROUGE-L 指标是由摘要和参考摘要中所有公共子序列的长度之和除以参考摘要的总长度计算而得。ROUGE 指标的值越高，说明自动生成的摘要与参考摘要的重合度越高。

（2）BLEU：Bilingual Evaluation Understudy，也是一种常用的自动摘要评估指标。它通过计算自动生成摘要中 n-gram 的重叠率来评估生成摘要的质量。BLEU 指标的值越高，说明自动生成的摘要与参考摘要的重合度越高。

（3）F1 值：F1 值是一个常用的综合评估指标，通常用于分类等任务中，也可以用于摘要提取。F1 值是精确率和召回率的调和平均值。精确率是指自动生成的摘要中，正确摘要数量占总摘要数量的比例。召回率是指参考摘要中，自动生成的摘要数量占总参考摘要数量的比例。F1 值越高，说明自动生成的摘要的质量越高。

在算法评估和比较时，可以使用交叉验证等方法来评估算法的性能，从而选择最佳算法。在进行比较时，可以对不同算法在相同数据集上的评估指标进行比较，选择具有更高评估指标的算法。同时也需要注意，不同任务需要选择不同的评估指标，才能更准确地评估算法的性能。

摘要提取在搜索引擎、新闻推荐、智能问答、文本摘要等方面有着广泛的应用。

（1）搜索引擎。搜索引擎中使用的摘要一般是对检索结果进行概括，帮助用户快速了解文本的主题和内容，从而更快地找到需要的信息。使用摘要提取算法能够提高搜索引擎的检索效率和准确性，给用户提供更好的检索体验。

（2）新闻推荐。在新闻推荐系统中，摘要可以帮助用户快速了解新闻的主题和内容，从而更好地选择自己感兴趣的新闻。通过使用摘要提取算法，能够从海量的新闻中快速提取出重要信息，提高推荐系统的效率和用户满意度。

（3）智能问答。在智能问答系统中，用户提出问题后，系统需要从海量的文本中提取出相关的信息并生成摘要，以便向用户提供准确的答案。使用摘要提取算法能够提高问答系统的效率和准确性。

（4）文本摘要。在文本摘要中，摘要可以帮助用户快速了解文章的主题和内容，从而更好地选择需要阅读的文章。使用摘要提取算法能够从长篇文章中提取出重要信息，使读者可以更快速地了解文章的主旨和核心内容。

不同的算法在不同场景下的适用性和优缺点有所不同。例如，在搜索引擎中，基于 TF-IDF 的统计算法常常被使用，因为它计算简单、速度快，适合处理大规模的数据；而在新闻推荐中，基于机器学习的算法和基于深度学习的算法更受欢迎，因为它们能够从数据中学习到更加准确的特征和规律，提高推荐系统的效率和准确性。在评估和比较算法时，需要根据具体的应用场景选择合适的评估指标，例如ROUGE、BLEU、F1 值等，进行算法的评估和比较。

摘要提取作为自然语言处理中的一个重要任务，在当前和未来都有广泛的应用前景。随着人工智能技术的快速发展，越来越多的算法和模型被应用到摘要提取领域，从而推动了摘要提取技术的发展。

在未来，摘要提取技术将朝着以下方向发展。

（1）多样化摘要提取。传统的摘要提取通常只提取文本的主题和内容，未来的摘要提取将更加多样化，包括根据用户偏好提取关键信息、提取文本中的情感色彩等。

（2）深度学习模型的优化。深度学习模型在摘要提取中已经取得了重大进展，未来的研究将集中在优化深度学习模型的性能，以提高摘要提取的效果。

（3）多语言摘要提取。随着全球化的发展，多语言摘要提取将成为重要的研究领域。未来的摘要提取算法将致力于提高多语言摘要提取的准确性和效率。

4.2 模型如何看懂文字

词向量（word vector），也称为词嵌入（word embedding），是一种将单词转换为向量表示的技术，旨在将自然语言转换为计算机可以理解和处理的形式。词向量的作用是解决自然语言中的稀疏性问题（即单词在文本中出现的位置非常分散，导致难以进行有效的计算和分析）。

通过将单词转换为词向量的方式，计算机可以将单词之间的语义和语法关系以向量的方式进行表示，从而实现自然语言的相似度计算、聚类、分类等任务，为自然语言处理提供了重要的基础。在现代自然语言处理领域中，词向量已经成为一种不可或缺的技术。

词向量的发展历史经历了从最初的 one-hot 表示到现在的预训练模型的演进。以下是各个阶段的简要介绍。

1. e-hot表示

最初的词向量表示方式是 one-hot 表示。这种表示方法简单粗暴，没有考虑到单词之间的关系，也无法表达单词的语义信息。

one-hot 表示是一种最基本的词向量表示方法，它将每个单词表示成一个向量，其中只有一个元素为 1，其余为 0，1 所在的位置表示这个单词的索引。这种表示方法可以看作将单词投影到一个 n 维空间中，每个单词在这个空间中都是一个向量。

例如，假设有一个词汇表，包含了 10 个单词，如下：

```
["apple", "banana", "orange", "pear", "grape", "pineapple", "watermelon", "kiwi", "lemon", "peach"]
```

可以将每个单词表示成一个长度为 10 的向量，其中只有一个元素为 1，其余为 0。例如，单词 "apple" 的向量表示为：

```
[1, 0, 0, 0, 0, 0, 0, 0, 0, 0]
```

而单词 "banana" 的向量表示为：

```
[0, 1, 0, 0, 0, 0, 0, 0, 0, 0]
```

以此类推，每个单词都对应一个唯一的向量表示。这种表示方法的优点是简单易懂，每个单词都有一个明确的向量表示。但是缺点也很明显，因为每个向量都是互相独立的，所以无法体现单词之间的关系和相似度。

2. LSA

LSA（Latent Semantic Analysis，潜在语义分析）是一种基于共现矩阵的词向量表示方法，通过对语料库中的单词共现矩阵进行奇异值分解（Singular Value Decomposition，SVD），得到一个低维稠密矩阵，即文本的向量表示。这个向量表示能够捕捉到单词之间的语义关系。

具体来说，LSA 包括以下步骤。

（1）构建共现矩阵。对于一个给定的文本集合，首先确定一个固定大小的单词集合，并对每个单词分配一个唯一的整数编号。然后遍历文本集合，对于每个单词对，将它们在共现矩阵中的对应位置加 1。共现矩阵的每一行或列代表一个单词，矩阵中的每个元素代表对应单词在文本中出现的次数或频率。

（2）对共现矩阵进行 SVD。对共现矩阵进行 SVD，得到 3 个矩阵：左奇异矩阵（U），右奇异矩阵（V），奇异值矩阵（S）。其中，U 和 V 矩阵都是正交矩阵，S 矩阵是对角矩阵。

（3），选择主题数 k。根据实际需要，选择保留前 k 个奇异值和对应的奇异向量，将这些向量组成的矩阵记为 $S_{k \times k}$。通常情况下，k 的取值可以通过交叉验证等方式进行选择。

（4）构建文档向量。对于每篇文档，先将文档中所有单词的向量取平均得到一个初始的文档向量。然后将文档向量和 $S_{k \times k}$ 矩阵相乘，得到文档在 k 个主题上的表示。这个表示可以看作文档的向量表示。

举例来说，假设我们有以下两篇文本：

文本 1：我喜欢吃苹果，苹果是一种水果

文本 2：我喜欢吃香蕉，香蕉是一种水果

我们可以先确定单词集合为 { 我，喜欢，吃，苹果，香蕉，是，一种，水果 }，并对每个单词编号。然后构建共现矩阵如下所示：

	我	喜欢	吃	苹果	香蕉	是	一种	水果
文本 1	1	1	1	2	0	1	1	1
文本 2	1	1	1	0	2	1	1	1

其中，共现矩阵的第 (i,j) 个元素表示单词 i 和单词 j 在同一个上下文中出现的次数。在这个例子中，水果在文本 1 和文本 2 中都出现了一次，因此它的共现矩阵值为 1。而苹果和香蕉分别在文本 1 和文本 2 中出现了 2 次，因此苹果 / 香蕉和水果的共现矩阵值为 2。

接下来，我们可以对共现矩阵进行 SVD，得到一个低维的矩阵表示。这个矩阵中每一行代表一个单词的向量表示。我们可以使用这些向量来计算单词之间的相似度或进行聚类分析等任务。

需要注意的是，LSA 存在一些问题，如它不能很好地处理一词多义的情况。在处理自然语言时，同一个单词可能有不同的含义，但 LSA 无法很好地区分这些不同的含义。此外，共现矩阵的维度往往非常大，需要进行 SVD，因此 LSA 在处理大规模语料库时计算代价较高。

3. Word2Vec

Word2Vec 是一种将单词表示为向量的技术，它是由 Google 在 2013 年提出的。Word2Vec 基于预测模型，通过将单词嵌入一个低维空间中，使单词在语义上的相似性可以通过向量之间的距离来表示。Word2Vec 主要有两种模型：skip-gram 和 CBOW。

在 skip-gram 模型中，给定一个中心单词，模型的任务是预测在它周围的单词。具体地，对于一个中心单词 w_c，我们希望预测它周围的单词 $w_{c-m},w_{c-m+1},...,w_{c+m}$，其中 m 是窗口大小。对于一个单词 w，我们可以将它表示为一个向量 $\boldsymbol{x}_w$。skip-gram 模型的损失函数可以定义为所有中心单词 w_c 的损失之和，其中损失定义为预测单词的概率与实际单词的概率之间的差距，即交叉熵损失。skip-gram 模型使用随机梯度下降算法进行训练。

与 skip-gram 模型不同，CBOW 模型的任务是预测在一个窗口中的中心单词（给定它周围的单词）。具体地，给定一个窗口中的单词 $w_{c-m},w_{c-m+1},\cdots,w_{c+m}$，CBOW 模型的任务是预测中心单词 w_c。CBOW 模型的损失函数可以定义为所有中心单词 w_c 的损失之和，其中损失定义为预测单词的概率与实际单词的概率之间的差距，即交叉熵损失。CBOW 模型同样使用随机梯度下降算法进行训练。

Word2Vec 模型的优点是可以处理大规模数据，同时生成的词向量可以被应用于各种自然语言处理任务中，如文本分类、信息检索、情感分析等。

下面举一个简单的例子来说明 Word2Vec 的作用。假设有一个句子 "Tom likes to play football"，我们想要将其中的单词表示为向量。首先，需要对单词进行编码，假设我们将每个单词表示为一个唯一的整数。然后，使用 Word2Vec 模型将这些单词转换为向量。对于一个单词，它可以表示为一个大小为 N 的向量，其中 N 是我们设置的向量维度。例如，对于单词 "football"，可以将其向量表示为 (0.23, −0.45, 0.87, ⋯, 0.12)。通过这种方式，我们可以对整个句子中的单词进行向量化表示。假设使用大小为 100 的向量表示每个单词，那么可以得到以下向量表示：

Tom: (0.12, −0.34, 0.78, ⋯, 0.32)

likes: (0.98, −0.56, 0.23, ⋯, 0.44)

to: (0.34, 0.67, −0.21, ⋯, 0.89)

play: (−0.56, 0.32, −0.45, ⋯, 0.21)

football: (0.23, −0.45, 0.87, ⋯, 0.12)

现在，我们可以使用这些向量来计算词之间的相似度。例如，我们可以使用余弦相似度来计算 "Tom" 和 "football" 之间的相似度：

$$\cos(\theta)= Tom \cdot ootball / \| Tom \| \| football \|$$

其中，" · " 表示向量的点积。通过计算余弦相似度，我们可以得到 "Tom" 和

"football"之间的相似度,从而判断它们是否具有相关性。

除了计算相似度,我们还可以使用 Word2Vec 模型来执行各种其他任务,例如词汇填空、命名实体识别、情感分析等。在这些任务中,我们可以使用 Word2Vec 模型学习单词之间的关系,并将这些关系用于更高级别的文本处理任务中。

4. 预训练模型

预训练模型是指在大规模语料库上进行预训练的模型,常用于自然语言处理任务中。它们通过学习输入文本中的模式和特征来捕捉单词之间的语义关系,从而在下游任务中具有更好的表现。

预训练模型可以分为两类:无监督预训练模型和有监督预训练模型。无监督预训练模型是指在没有标注数据的情况下进行预训练,如 Word2Vec 和 GloVe。有监督预训练模型是指在标注数据上进行预训练,如 ELMo 和 BERT。

ELMo(Embeddings from Language Models)是一种有监督预训练模型,它是由斯坦福大学提出的一种深度双向语言模型。它使用一个深层的双向 LSTM 模型对大规模语料库进行训练,学习到单词的上下文表示,生成一系列的词向量。ELMo 的一个优点是它能够捕捉到单词的多重含义,并且可以用于多个下游任务。

BERT 是一种无监督预训练模型,它是由 Google 提出的一种基于 Transformer 的深层双向表示学习模型。BERT 的训练过程分为两个阶段:第一阶段是预训练阶段,它使用一个大规模无标注的文本语料库进行训练;第二阶段是微调阶段,它将预训练模型应用于特定的下游任务。BERT 在各种自然语言处理任务中取得了极好的表现,如问答系统、文本分类、命名实体识别等。

GPT 是一种无监督预训练模型,它是由 OpenAI 提出的一种基于 Transformer 的语言模型。GPT 的训练过程与 BERT 类似,但是它的目标是预测给定上下文中的下一个单词。GPT 的一个优点是它可以生成连续的文本,因此可以用于生成式任务,如对话系统和文章生成。

总的来说,预训练模型在自然语言处理领域具有广泛的应用,它们可以提高各种任务的性能,并且可以在少量标注数据的情况下取得很好的效果。

那么,我们如何来评估词向量呢?常见的词向量评估指标主要有相似度和类比性两个。

1. 相似度

相似度用来衡量两个词向量之间的相似程度。在词向量中,相似的单词在向量空间中距离较近。因此,通过计算两个词向量的距离来衡量它们的相似度是一种常见的方法。距离计算方法包括欧氏距离、曼哈顿距离、余弦相似度等。其中,余弦相似度被广泛应用,其计算如式(4-4)所示。

$$\cos(\theta) = \frac{v_1 \cdot v_2}{\|v_1\| \|v_2\|} \qquad (4\text{-}4)$$

其中,v_1 和 v_2 是两个向量,"·"表示向量的点积。余弦相似度的取值范围为 $[-1,1]$,值越大表示两个向量越相似。

2. 类比性

类比性用来衡量词向量在推理任务上的表现。例如，如果有词向量"king""man"和"woman"，则可以使用它们来回答"queen"的类比问题（即"king"对"man"就像"queen"对什么）。一种常见的计算类比的方法是通过向量空间中的向量运算来实现，如下所示：

$$v_{\text{queen}} = v_{\text{king}} - v_{\text{man}} + v_{\text{woman}} \tag{4-5}$$

其中，v_{king}、v_{man} 和 v_{woman} 是对应的词向量，v_{queen} 表示根据这 3 个词向量计算出来的"queen"的词向量。然后，我们可以计算"queen"词向量和词汇表中所有单词的相似度，找到与其相似度最高的单词作为类比问题的答案。类比性的评估指标通常使用准确率来衡量。

词向量技术在自然语言处理领域有着广泛的应用和研究，未来的发展趋势和研究方向主要有以下 4 个。

（1）更精确的语义表示。目前的词向量模型虽然能够将单词表示为向量，但是在语义上并不是非常准确。未来可能会更加注重对语义进行更精确的建模，例如对多义词和同义词的处理，以及对词汇之间更复杂的语义关系的建模。

（2）多模态融合。词向量模型通常只能处理文本数据，但是随着多模态数据的普及，未来可能会更加注重将多模态数据进行融合，以便更好地处理文本、图像、音频等多种数据类型。

（3）深度学习与传统方法的结合。传统的词向量模型通常是基于共现矩阵或者语言模型的，而深度学习方法则更加注重如何在大规模数据集上进行无监督学习。未来可能会更加注重将传统的方法与深度学习方法进行结合，以获得更好的性能。

（4）更广泛的应用场景。目前词向量主要应用在自然语言处理领域，未来可能会更加注重将词向量技术应用到更广泛的领域，如推荐系统、计算机视觉、语音识别等。

总之，词向量技术在未来的发展中仍然有很大的空间和潜力，我们期待更加先进和精准的词向量模型的出现，以推动自然语言处理领域的发展。

4.3 ChatGPT大模型

自然语言处理是人工智能的一个领域旨在使计算机能够理解、处理和生成人类自然语言。自然语言处理的发展可以追溯到 20 世纪 50 年代，随着计算机技术的发展和语言学研究的进展，自然语言处理逐渐成为计算机科学、语言学和人工智能等领域的交叉学科。

近年来，生成预训练模型（Generative Pre-trained Transformers，GPT）引起了广泛的关注和研究。GPT 由 OpenAI 开发，是基于 Transformer 架构的大型语言模型，能够通过预训练和微调机制，在多种语言任务中表现出色。

GPT 的出现自然语言处理研究的一个重要里程碑。它不仅在文本生成、翻译、摘要和问答等传统自然语言处理任务中表现出色，还能够通过上下文理解，生成与人类语言非常相似的文本。这种能力使 GPT 在自然语言生成、对话系统和其他交互应用中具有广泛的应用前景。

4.3.1 GPT模型的发展历程

自然语言处理的主要挑战包括以下方面。

（1）语言的多样性。不同语言的语法、词汇和表达方式都不同，因此需要设计针对每种语言的独特处理方法。

（2）歧义性。自然语言中存在歧义，同一句话可以有不同的解释，这给计算机的理解和处理带来了挑战。

（3）数据稀缺性。自然语言处理任务需要大量的标注数据进行训练，但是获取大规模的高质量数据是困难的。

（4）计算复杂性。自然语言处理任务需要大量的计算资源，特别是在大规模数据和复杂模型的情况下。

随着深度学习技术的发展，大型预训练语言模型的出现为自然语言处理带来了新的希望。这些模型在大规模的未标注数据上进行预训练，并可以在各种自然语言处理任务上进行微调。这些模型的出现提高了自然语言处理的准确性和效率，并在自然语言理解、自然语言生成等领域产生了革命性的影响。

随着深度学习技术的发展和计算能力的提升，大型预训练语言模型成为了自然语言处理领域的一项重要技术。大型预训练语言模型，旨在通过在大规模语料库上进行无监督学习，来获得文本数据中的潜在模式和语言结构，并在下游任务中进行微调。

传统的自然语言处理模型往往需要人工设计特征或手动构造规则，而大型预训练语言模型可以自动从海量的文本数据中学习语言模式，并生成高质量的语言表示。这使大型预训练语言模型可以应用于许多自然语言处理任务，如情感分析、机器翻译、文本分类、问答系统等。

近年来，一些大型预训练语言模型，如 OpenAI 的 GPT 系列、Google 的 BERT 和 T5 模型，已经使各种自然语言处理任务的性能取得了显著的提升，并成为了自然语言处理领域的重要研究方向。

GPT 是一种基于 Transformer 结构的预训练语言模型，由 OpenAI 公司提出。GPT 模型包括 3 个版本：GPT-1、GPT-2 和 GPT-3。

GPT-1 是 OpenAI 团队于 2018 年首次提出的模型，它使用了一个由 12 个 Transformer 编码器组成的神经网络，可以预测单词序列中下一个单词的概率。GPT-1 的预训练过程是在大规模语料库（如维基百科、Gutenberg 计划等）上进行的。在训练过程中，GPT-1 使用了自回归（autoregressive）的方式，即输入前文单词序列，预测下一个单词。在生成文本时，可以根据输入的文本继续预测下一个单词，从而生成更长的文本。GPT-1 在多项自然语言处理任务（如文本生成、机器翻译、问答系统等）上都表现出了非常不错的效果。

GPT-2 在 GPT-1 的基础上进行了改进，使用了更大的模型规模和更多的训练数据，并取得了更好的性能。GPT-2 使用了从互联网上抓取的 40 GB 文本数据进行预训练，使用了与 GPT-1 相同的 Transformer 编码器结构，但模型规模更大，参数量达到了 1.5 亿个。GPT-2 在许多自然语言处理任务，（如文本生成、摘要生成、对话系统等）上表现出了惊人的效果。GPT-2 还能够生成高质量的文章，其质量和真实的人类写作质量相当，引起了很大的关注和讨论。

GPT-3 在 GPT-2 的基础上进一步扩展，使用了具有 1750 亿个参数的神经网络，可以处理更加复杂的自然语言处理任务。GPT-3 的规模是 GPT-2 的 10 倍以上，是当前较大的预训练语言模型之一。GPT-3 不仅可以完成诸如文本生成、机器翻译、问答系统等基本的自然语言处理任务，还可以进行语言推理、语言转换、文本补全等高级任务，其表现越来越接近人类水平。GPT-3 的出现引起了很大的反响，并引发了有关大型预训练语言模型对人类和社会的影响的讨论。

总之，GPT 系列模型的发展代表着预训练语言模型技术的不断发展和进步，不断推动着自然语言处理领域的发展。

4.3.2 ChatGPT模型概述

ChatGPT 是由 OpenAI 团队开发的一种基于 Transformer 架构的预训练语言模型，专门用于处理对话任务。它是在 GPT-3 模型的基础上进一步优化和调整而来的，具有更加出色的对话生成能力和更广泛的应用场景。

ChatGPT 的研发背景可以追溯到自然语言处理领域。随着大数据和深度学习技术的不断发展，越来越多的研究者开始关注如何让计算机理解自然语言，实现人机之间的自然交互。其中，对话系统是自然语言处理领域的一个重要研究方向，其可以应用于智能客服、智能问答、语音助手等多个领域。

然而，要实现高效、自然的对话生成是一项极具挑战性的任务。传统的基于规则或模板的方法往往不能满足复杂的应用场景需求。因此，近年来，基于深度学习的对话系统成为了研究的热点之一。预训练语言模型由于其强大的表征能力和广泛的应用前景而备受关注，其中 ChatGPT 便是基于预训练语言模型的对话生成模型。

ChatGPT 在处理对话任务时，采用了一些创新性的技术。首先，它使用大规模对话语料进行预训练，可以更好地模拟真实对话场景，提高模型的对话生成能力。其次，它考虑到了多轮对话的特点，对每轮对话进行建模，并根据上下文生成回复。此外，ChatGPT 还使用了一些针对对话任务的技术，如响应长度控制、历史信息的表示等，从而进一步提高了模型的生成质量和稳定性。

ChatGPT 的应用场景非常广泛，可被应用于智能客服、智能问答、语音助手、机器人等多个领域。例如，在智能客服领域，ChatGPT 可以根据用户的提问进行智能回复，从而提高客户满意度和企业效率。在智能问答领域，ChatGPT 可以根据用户提供的问题进行回答，帮助用户快速获得所需信息。在语音助手和机器人领域，

ChatGPT 可以与用户进行自然对话，从而实现更加自然的人机交互。

4.3.3　ChatGPT模型的原理和发展方向

ChatGPT 的模型架构基于多层 Transformer 结构，其中包含多个 Transformer 编码器和解码器。每个 Transformer 模块由多个自注意力机制和前馈神经网络组成，能够在输入序列中学习到单词之间的关系。这些 Transformer 模块的叠加能够使 ChatGPT 从上下文中抽取更多的语义信息，并进行更准确的预测。

ChatGPT 的预训练任务采用了基于对话的任务，具体来说，就是使用了一种名为 DialoGPT 的预训练任务。在这个任务中，模型需要从多轮对话中预测下一句话。为了解决对话中上下文信息较长的问题，DialoGPT 采用了以往对话历史的截断方式，使模型只能看到一定的对话历史信息。同时，DialoGPT 还采用了连续对话的方式来构建训练数据，使模型能够更好地理解和生成多轮对话。

在微调阶段，ChatGPT 可以通过在特定的对话数据集上进行微调来适应不同的对话场景和任务。微调阶段使用的任务可能包括问答、聊天机器人和智能客服等。这些任务中，模型需要针对具体的问题或场景生成相应的回复。在微调阶段，模型可以通过迭代训练和优化来提高在特定任务上的表现。

总之，ChatGPT 的模型架构和预训练任务都针对对话场景进行了优化，其在对话建模和生成方面具有很强的表现能力。

ChatGPT 是目前在对话任务上表现出色的预训练语言模型之一，但仍然存在一些需要进一步研究和改进的方向。以下是 ChatGPT 目前的研究方向和发展趋势。

（1）提高生成结果的流畅度和准确性。虽然 ChatGPT 在对话任务上已经表现得很出色，但在生成对话时仍然会出现一些不太流畅或不太准确的情况。为了提高生成结果的质量，研究人员正在探索各种方法，如改进模型架构、设计更好的预训练任务、优化微调任务等。

（2）将 ChatGPT 应用于更多的领域。除了对话任务，ChatGPT 还可以应用于其他领域，如自然语言生成、文本摘要、机器翻译等。因此，研究人员正在探索如何将 ChatGPT 应用于更多的领域，并设计更好的任务和数据集来评估模型的表现。

（3）进一步探索多轮对话建模和生成。ChatGPT 已经能够生成流畅的单轮对话，但在多轮对话中仍然存在挑战。为了解决这个问题，研究人员正在探索如何更好地建模多轮对话的上下文信息，并设计更好的微调任务来提高模型的多轮对话生成能力。

（4）面向多语言对话的研究。ChatGPT 目前主要针对英文对话任务，但随着对多语言对话的需求不断增加，研究人员正在探索如何将 ChatGPT 扩展到其他语言，如中文、西班牙语、法语等。

（5）发展更轻量级的模型。虽然 ChatGPT 的表现很好，但模型的规模和计算资源要求很高，不利于部署和应用。因此，研究人员正在探索如何设计更轻量级的模型，以便在更多的应用场景中使用。

第 5 章

Web 可视化

5.1 Streamlit介绍

5.1.1 概述

Streamlit 是一个开源的 Python 库，旨在帮助数据科学家和机器学习工程师快速构建交互式的 Web 应用程序。通过 Streamlit，用户可以使用简单的 Python 脚本创建功能丰富的数据应用，无须编写烦琐的 HTML、CSS 或 JavaScript 代码。它的设计理念是"简单易用"，让用户能够专注于数据分析和模型展示，而不必花费大量时间和精力在应用程序的开发和部署上。

Streamlit 由 3 位前亚马逊工程师在 2019 年创建。他们发现，在进行数据分析和模型展示时，需要频繁地在 Jupyter Notebook、Matplotlib 和 Flask 之间切换，而这些工具之间的集成并不总是简单和高效的。因此，他们决定创建一个新的工具，使数据科学家和机器学习工程师能够更轻松地构建和分享他们的工作成果。

Streamlit 的初衷是将数据应用的开发过程简化为几行 Python 代码。用户可以使用 Streamlit 提供的 API 快速创建交互式组件，从而构建出令人印象深刻的数据应用。由于其简单易用和功能强大，Streamlit 迅速赢得了数据科学界的青睐，并在开源社区中受到了广泛关注和支持。

Streamlit 的主要特点如下。

（1）简单易用。Streamlit 的 API 设计简洁明了，使用者无须具备专业的 Web 开发经验，只需基本的 Python 编程知识即可快速上手。

（2）与 Python 无缝集成。用户可以直接在 Python 脚本中编写 Streamlit 应用程序，无须学习额外的语言或工具。

（3）内置组件。Streamlit 提供了丰富的内置组件，包括文本、数据表格、图表、输入组件、媒体组件等，可满足各种应用场景的需求。

（4）自动化部署和分享。使用 Streamlit Cloud，用户可以轻松将他们的应用程序部署到云端，并生成一个分享链接，其他人可以通过该链接访问应用程序，无须安装任何软件或配置环境。

接下来，我们首先通过 pip 来安装 Streamlit：

```
pip install streamlit
```

安装完成后，可以使用代码 5-1 来创建一个简单的 Hello World 应用程序，代码文件为 run.py。

代码 5-1

```python
# run.py
import streamlit as st

def main():
    st.title('Hello, Streamlit!')
    st.write(' 这是一个简单的示例应用程序，用于演示 Streamlit 的基本用法。')

if __name__ =='__main__':
    main()
```

我们在命令行中运行 streamlit run run.py 命令来启动应用程序，随后，Streamlit 将会在浏览器中打开一个新的选项卡，地址为 http://localhost:8501/，应用程序显示内容如图 5-1 所示。

图 5-1　应用程序显示的内容

5.1.2　主要功能

Streamlit 引人注目的特点之一是其能够快速构建交互式 Web 应用程序。使用 Streamlit，可以通过几行简单的 Python 代码创建一个功能丰富的 Web 应用程序。这种简单性使即使没有 Web 开发经验的数据科学家和机器学习工程师也能够轻松构建出令人印象深刻的应用程序。

让我们来看一个简单的示例，例如代码 5-2，演示了如何使用 Streamlit 创建一个交互式 Web 应用程序。

代码 5-2

```python
# app.py

import streamlit as st
```

```python
import pandas as pd
import numpy as np


def main():
    st.title(' 交互式数据可视化应用程序 ')

    # 添加文本
    st.write(' 欢迎使用 Streamlit 构建交互式 Web 应用程序！ ')

    # 添加数据表格
    st.write(' 下面是一个简单的数据表格： ')
    data = {'Name': ['Alice', 'Bob', 'Charlie'],
            'Age': [25, 30, 35],
            'City': ['New York', 'Los Angeles', 'Chicago']}
    df = pd.DataFrame(data)
    st.write(df)

    # 添加图表
    st.write(' 下面是一个简单的折线图： ')
    chart_data = pd.DataFrame(
        np.random.randn(20, 3),
        columns=['a', 'b', 'c']
    )
    st.line_chart(chart_data)

    # 添加输入组件
    st.write(' 请在下方输入框中输入您的姓名： ')
    name = st.text_input(' 姓名 ', 'John Doe')
    st.write(f' 您输入的姓名是：{name}')

    # 添加按钮
    if st.button(' 点击这里 '):
        st.write(' 您点击了按钮！ ')

    # 添加复选框
    option = st.checkbox(' 显示 / 隐藏文本 ')
    if option:
        st.write(' 这是一个隐藏的文本。')

    # 添加下拉菜单
    option = st.selectbox(
        ' 请选择一个选项： ',
        [' 选项 1', ' 选项 2', ' 选项 3']
    )
    st.write(f' 您选择了：{option}')
```

```
if __name__ == '__main__':
    main()
```

代码 5-2 的输出结果如图 5-2 所示。

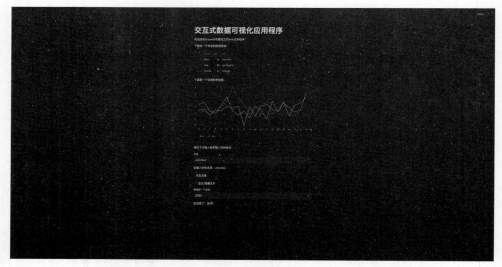

图5-2　代码5-2的输出结果

运行后，Streamlit 将启动一个本地服务器，并在默认的 Web 浏览器中打开应用程序。这时将出现一个交互式的界面，其中包含了一些文本、数据表格、图表以及输入组件。可以通过与这些组件交互来改变应用程序的行为，从而实现交互式的数据可视化体验。

除了代码 5-2 中展示的功能，Streamlit 还提供了丰富的其他组件和功能，使用户能够构建出更加复杂和功能强大的交互式应用程序。Streamlit 还提供了许多内置组件，用于构建交互式 Web 应用程序。这些组件包括文本、数据表格、图表、输入组件、媒体组件、布局和容器、聊天框、状态展示和控制流程等。接下来，我们将逐个介绍这些组件的使用方法和示例代码。

1. 文本

文本组件允许用户在应用程序中添加文本内容，用于说明和解释应用程序的功能和操作方法。可以使用 Markdown 或普通文本格式来编写文本内容，并通过 st.markdown() 或 st.text() 函数将文本添加到应用程序中，如代码 5-3 所示。

代码 5-3

```
import streamlit as st

# 添加标题
st.title("Streamlit 文本组件示例 ")
```

```
# 添加 Markdown 格式的文本内容
st.markdown("""
这是一个使用 Streamlit 构建的简单应用程序。
该应用程序演示了如何使用 Streamlit 的文本组件添加文本内容。
""")

# 添加普通文本内容
st.text(" 这是普通文本内容。")
```

代码 5-3 的输出结果如图 5-3 所示。

图5-3　代码5-3的输出结果

2. 数据表格

　　数据表格组件允许用户在应用程序中展示数据表格，以便用户查看和分析数据。用户可以通过 st.dataframe() 函数将 pandas 数据框或任何具有类似结构的数据对象添加到应用程序中，如代码 5-4 所示。

代码 5-4

```
import streamlit as st
import pandas as pd

# 创建示例数据框
data = {
    'Name': ['Alice', 'Bob', 'Charlie'],
    'Age': [25, 30, 35],
    'Gender': ['Female', 'Male', 'Male']
}
df = pd.DataFrame(data)

# 添加数据表格
st.dataframe(df)
```

　　代码 5-4 的输出结果如图 5-4 所示。

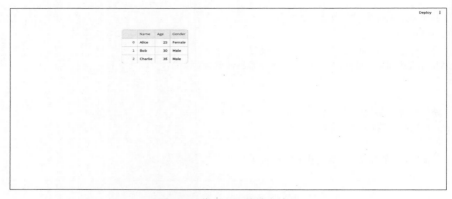

图5-4　代码5-4的输出结果

3. 图表

图表组件允许用户在应用程序中绘制各种类型的图表，如折线图、柱状图、散点图等，以便用户直观地了解数据的分布和趋势。用户可以通过 st.line_chart()、st.bar_chart()、st.area_chart() 等函数绘制不同类型的图表，如代码 5-5 所示。

代码 5-5

```
import streamlit as st
import pandas as pd

# 创建示例数据框
data = {
    'Year': [2010, 2011, 2012, 2013, 2014],
    'Sales': [100, 150, 200, 250, 300]
}
df = pd.DataFrame(data)

# 添加折线图
st.line_chart(df.set_index('Year'))

# 添加柱状图
st.bar_chart(df.set_index('Year'))
```

代码 5-5 的输出结果如图 5-5 所示。

4. 输入组件

输入组件允许用户在应用程序中输入数据，以便进行交互式操作。Streamlit 提供了各种类型的输入组件，如文本输入框、数字输入框、下拉菜单、滑动条等，用户可以根据需要选择合适的输入组件。输入组件的使用如代码 5-6 所示。

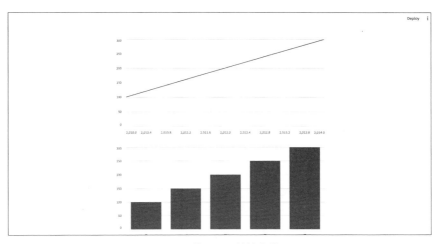

图5-5 代码5-5的输出结果

代码 5-6

```
import streamlit as st

# 添加文本输入框
name = st.text_input(' 请输入您的姓名：')

# 添加数字输入框
age = st.number_input(' 请输入您的年龄：', min_value=0, max_value=150, step=1)

# 添加下拉菜单
gender = st.selectbox(' 请选择您的性别：', ['Male', 'Female'])

# 添加滑动条
income = st.slider(' 请选择您的年收入：', min_value=0, max_value=100000, step=1000)

# 打印用户输入的信息
st.write(f' 您的姓名是：{name}')
st.write(f' 您的年龄是：{age}')
st.write(f' 您的性别是：{gender}')
st.write(f' 您的年收入是：{income}')
```

代码 5-6 的输出结果如图 5-6 所示。

5. 媒体组件

　　媒体组件允许用户在应用程序中添加图片、视频、音频等媒体文件，以丰富应用程序的内容和展示形式。用户可以通过 st.image()、st.video()、st.audio() 等函数添加不同类型的媒体文件，如代码 5-7 所示。

图5-6　代码5-6的输出结果

代码 5-7 的输出结果如图 5-7 所示。

图5-7　代码5-7的输出结果

6. 布局和容器

布局和容器组件允许用户对应用程序中的组件进行布局和排列，以优化用户界面的显示效果。Streamlit 提供了多种布局和容器组件，如列、行、侧边栏等，用户可以根据需要自由组合和调整布局。布局和容器组件的使用如代码 5-8 所示。

代码 5-8

```
import streamlit as st

# 创建两列布局
col1, col2 = st.columns(2)

# 在第一列添加文本内容
with col1:
    st.header(' 左侧列 ')
    st.text(' 这是第一列的文本内容。')

# 在第二列添加图表
with col2:
    st.header(' 右侧列 ')
    st.bar_chart({'A': 10, 'B': 20, 'C': 30})
```

代码 5-8 的输出结果如图 5-8 所示。

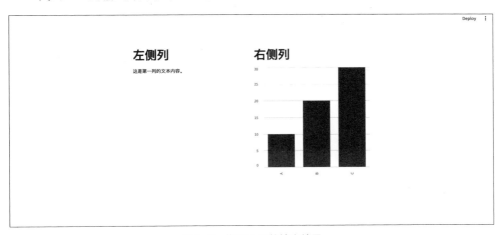

图5-8　代码5-8的输出结果

7. 聊天框

聊天框组件允许用户在应用程序中与程序进行交互，输入文本消息并获取程序的回复。用户可以使用 st.text_area() 函数添加聊天框组件，并通过编写逻辑代码实现程序对用户输入的消息进行处理和回复，如代码 5-9 所示。

代码 5-9

```
import streamlit as st

# 添加聊天框
user_input = st.text_area(" 请输入您的消息：")

# 程序逻辑处理
if user_input:
    st.write(f" 用户输入的消息是：{user_input}")
    st.write(" 程序回复的消息是：您好！欢迎使用我们的应用程序。")
```

代码 5-9 的输出结果如图 5-9 所示。

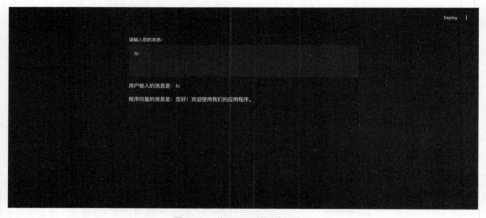

图5-9　代码5-9的输出结果

8. 状态展示

状态展示组件允许用户在应用程序中显示状态信息，如进度条、加载动画等，以提醒用户应用程序正在进行某些操作或任务。用户可以通过 st.progress()、st.spinner() 等函数添加状态展示组件，并通过编写逻辑代码控制状态信息的显示和更新，如代码 5-10 所示。

代码 5-10

```
import streamlit as st
import time

# 添加进度条
progress_bar = st.progress(0)

# 模拟数据加载过程
for i in range(100):
    time.sleep(0.1)
    progress_bar.progress(i + 1)
```

```
# 添加加载动画
with st.spinner(' 正在加载，请稍候 ...'):
    time.sleep(5)
    st.success(' 加载完成 !')
```

代码 5-10 的输出结果如图 5-10 所示。

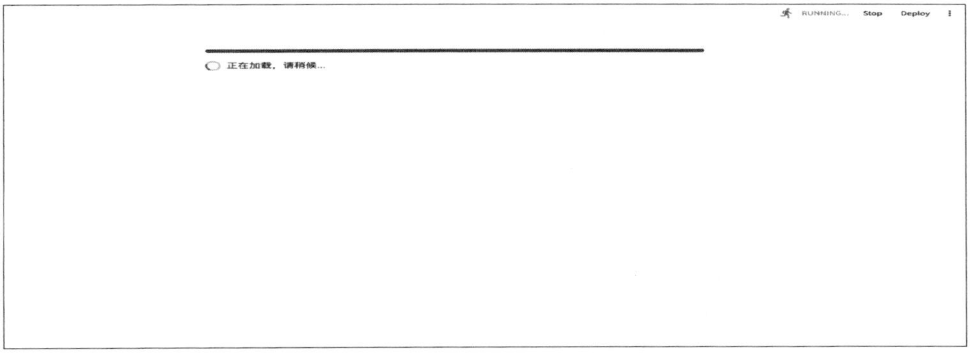

图5-10　代码5-10的输出结果

9. 控制流程

控制流程组件允许用户在应用程序中控制程序的执行流程，如条件判断、循环执行等，以实现不同的业务逻辑和交互效果。用户可以使用 Python 的条件语句、循环语句等控制流程结构，并结合 Streamlit 提供的组件和功能实现复杂的交互逻辑，如代码 5-11 所示。

代码 5-11

```
import streamlit as st

# 添加单选按钮
option = st.radio(' 请选择一个选项：', ['A', 'B', 'C'])

# 根据用户选择的选项执行不同的操作
if option == 'A':
    st.write(' 您选择了选项 A。')
elif option == 'B':
    st.write(' 您选择了选项 B。')
else:
    st.write(' 您选择了选项 C。')
```

代码 5-11 的输出结果如图 5-11 所示。

至此，通过以上示例代码，我们可以看到 Streamlit 提供了丰富的内置组件，用户可以根据自己的实际情况和需求，灵活地选择和组合这些组件，构建出功能丰富、界面美观的 Web 应用程序。Streamlit 的这些功能和特点使它成为一款非常强大和灵活的 Web 可视化工具，受到了广大用户的青睐。Streamlit 还在不断地进行更新和改进，以便为用户提供更加优质和便捷的开发体验。

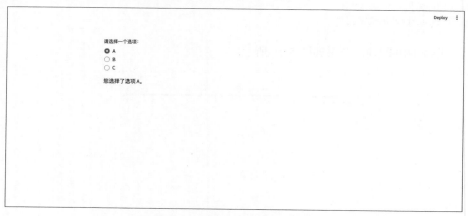

图5-11　代码5-11的输出结果

5.1.3　应用场景

在接下来的小节中，我们将介绍 Streamlit 在数据可视化和探索、机器学习模型展示和部署以及数据分析和报告生成 3 个应用场景中的应用。首先，我们将介绍如何使用 Streamlit 对数据进行可视化和探索，包括如何使用内置的图表和表格组件以及如何使用第三方库进行高级可视化。其次，我们将介绍如何使用 Streamlit 展示和部署机器学习模型，包括如何将模型集成到 Streamlit 应用程序中，如何处理用户输入，以及如何显示模型的输出。最后，我们将介绍如何使用 Streamlit 进行数据分析和报告生成，包括如何使用 Streamlit 创建动态报告，以及如何使用 Streamlit 与其他数据分析工具进行集成。通过学习这些应用场景，你将了解如何使用 Streamlit 创建强大的数据应用程序，以满足不同的业务需求。

1.　数据可视化和探索

数据可视化是探索性数据分析（Exploratory Data Analysis，EDA）中至关重要的一步。通过将数据以可视化的形式呈现，我们可以更直观地理解数据的特征、分布、关系和趋势。Streamlit 提供了丰富的图表和组件，使数据科学家和分析师能够快速创建交互式的数据可视化应用程序，以便探索数据并发现隐藏的信息。

下面介绍一些常见的数据可视化和探索的应用场景，以及如何使用 Streamlit 实现它们。

（1）数据分布和统计摘要。

在数据分析过程中，了解数据的分布和统计摘要是非常重要的。通过直方图、密度图、箱线图等图表可以轻松地展示数据的分布情况，而统计摘要（如均值、中位数、标准差等）则可以提供对数据整体特征的描述。用 Streamlit 呈现数据分布和统计摘要的方法如代码 5-12 所示。

代码 5-12

```
import streamlit as st
import numpy as np
import pandas as pd
import seaborn as sns
import matplotlib.pyplot as plt

# 创建一个随机数据集
data = pd.DataFrame(np.random.randn(1000, 2), columns=['A', 'B'])

# 显示数据的统计摘要
st.write(data.describe())

# 绘制直方图
st.subheader(' 数据分布可视化 ')

# 创建一个图形对象
fig, ax = plt.subplots()
sns.histplot(data['A'], kde=True, ax=ax)
st.pyplot(fig)

# 创建另一个图形对象
fig, ax = plt.subplots()
sns.histplot(data['B'], kde=True, ax=ax)
st.pyplot(fig)
```

代码 5-12 的输出结果如图 5-12 所示。

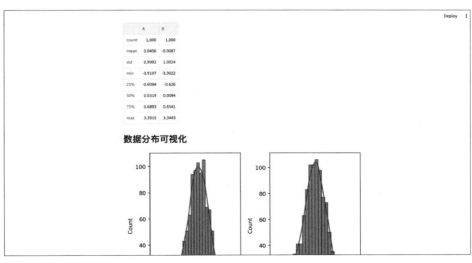

图5-12 代码5-12的输出结果

（2）数据关系和趋势。

对于具有多个特征的数据集，了解特征之间的关系和趋势是至关重要的。通过散点图、线图、热力图等图表可以直观地展示不同特征之间的相关性和变化趋势。用 Streamlit 绘制散点图和线图的方法如代码 5-13 所示。

代码 5-13

```python
import streamlit as st
import numpy as np
import pandas as pd
import seaborn as sns
import matplotlib.pyplot as plt

# 创建一个随机数据集
data = pd.DataFrame(np.random.randn(1000, 2), columns=['A', 'B'])

# 显示数据的统计摘要
st.write(data.describe())

# 绘制散点图和线图
st.subheader(' 特征关系可视化 ')

# 创建一个 Figure 对象
fig = plt.figure()

# 在 Figure 对象中绘制散点图
ax1 = fig.add_subplot(121)
sns.scatterplot(x='A', y='B', data=data, ax=ax1)

# 在 Figure 对象中绘制线图
ax2 = fig.add_subplot(122)
sns.lineplot(data=data, ax=ax2)

# 将 Figure 对象传递给 st.pyplot() 函数
st.pyplot(fig)
```

代码 5-13 的输出结果如图 5-13 所示。

（3）数据探索和交互式分析。

Streamlit 提供了多种输入组件，如下拉菜单、文本输入框等，可以与图表和数据表格进行交互，从而实现灵活的数据探索和分析。用户可以根据自己的兴趣和需求，动态调整参数或选择不同的数据子集，以便更深入地了解数据。用 Streamlit 进行数据探索和交互式分析的方法如代码 5-14 所示。

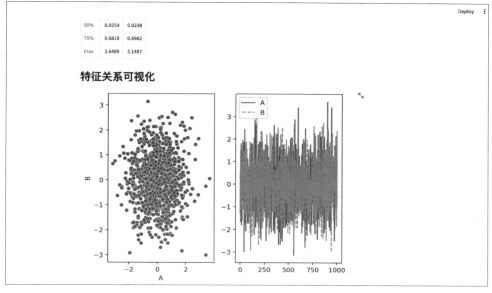

图5-13　代码5-13的输出结果

代码 5-14

```
import streamlit as st
import numpy as np
import pandas as pd
import seaborn as sns
import matplotlib.pyplot as plt

# 创建一个随机数据集
data = pd.DataFrame(np.random.randn(1000, 2), columns=['A', 'B'])

# 显示数据的统计摘要
st.write(data.describe())

# 添加侧边栏参数调整选项
st.sidebar.subheader(' 参数调整 ')
feature = st.sidebar.radio(' 选择特征 ', ('A', 'B'))
range_slider = st.sidebar.slider(' 选择范围 ', data[feature].min(), data[feature].max(), (data[feature].min(),
data[feature].max()))

# 根据用户选择的参数过滤数据
filtered_data = data[(data[feature] >= range_slider[0]) & (data[feature] <= range_slider[1])]

# 绘制散点图
st.subheader(' 特征关系可视化 ')
```

```
# 创建一个 Figure 对象
fig = plt.figure()

# 在 Figure 对象中绘制散点图
ax = fig.add_subplot(111)
sns.scatterplot(x='A', y='B', data=filtered_data, ax=ax)

# 将 Figure 对象传递给 st.pyplot() 函数
st.pyplot(fig)
```

代码 5-14 的输出结果如图 5-14 所示。

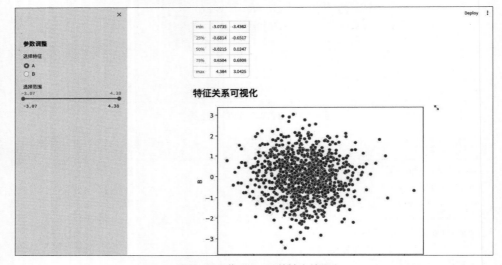

图5-14　代码5-14的输出结果

通过以上示例代码，我们展示了如何使用 Streamlit 创建一个交互式数据可视化和探索应用程序。用户可以通过调整滑块来选择特征的范围，并实时查看数据的散点图，以便发现数据的趋势和模式。

这些示例仅仅是 Streamlit 数据可视化和探索功能的冰山一角。Streamlit 还提供了丰富的其他组件和功能，如数据表格、地图可视化、自定义组件等，可以满足各种不同的数据分析和可视化需求。通过 Streamlit，数据科学家和分析师可以快速创建出色的交互式数据应用程序，以便更好地理解数据并做出更明智的决策。

2．机器学习模型展示和部署

在机器学习领域，将训练好的模型展示出来并部署到生产环境中是至关重要的一步。Streamlit 提供了简单且强大的工具，使机器学习模型的展示和部署变得轻松和高效。无论是展示模型的预测结果、可视化模型的性能指标，还是通过简单的用户界面让用户与模型进行交互，Streamlit 都能够满足各种不同的需求。

下面介绍一些常见的机器学习模型展示和部署的应用场景，以及如何使用

Streamlit 实现它们。

（1）展示模型的预测结果。

　　展示模型的预测结果是让用户了解模型效果和性能的重要手段之一。通过输入一些样本数据，用户可以立即看到模型的预测结果，并对比真实值，以评估模型的准确性。用 Streamlit 展示模型预测结果的方法如代码 5-15 所示。

代码 5-15

```
import streamlit as st
import numpy as np
import pandas as pd
from sklearn.ensemble import RandomForestClassifier

# 加载训练数据
@st.cache_data
def load_data():
    # 在这里加载您的训练数据
    # 例如，使用 pandas.read_csv() 函数从 CSV 文件中加载数据
    data = pd.DataFrame(np.random.randn(100, 2), columns=['Feature1', 'Feature2'])
    labels = pd.Series(np.random.randint(0, 2, 100), name='Label')
    return data, labels

data, labels = load_data()

# 加载训练好的模型
@st.cache_resource
def load_model():
    # 在这里使用训练数据对模型进行训练
    model = RandomForestClassifier()
    model.fit(data, labels)
    return model

model = load_model()

# 创建一个简单的用户界面，用于输入样本数据
st.sidebar.subheader(' 输入样本数据 ')
feature1 = st.sidebar.slider(' 特征 1', 0.0, 10.0, 5.0)
feature2 = st.sidebar.slider(' 特征 2', 0.0, 10.0, 5.0)

# 使用模型进行预测
prediction = model.predict([[feature1, feature2]])

# 显示预测结果
st.subheader(' 模型预测结果 ')
st.write(' 特征 1:', feature1)
st.write(' 特征 2:', feature2)
st.write(' 预测结果 :', prediction[0])
```

代码 5-15 的输出结果如图 5-15 所示。

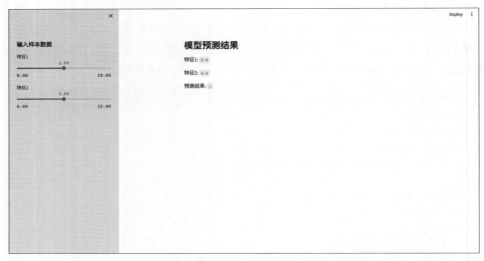

图5-15　代码5-15的输出结果

（2）可视化模型性能指标。

除了展示单个预测结果，还可以通过图表等形式展示模型的性能指标，如准确率、召回率、F1 分数等。这有助于用户更全面地了解模型的性能表现，并与其他模型进行比较。用 Streamlit 可视化模型性能指标如代码 5-16 所示。

代码 5-16

```python
import streamlit as st
import numpy as np
import pandas as pd
from sklearn.ensemble import RandomForestClassifier

# 加载训练数据
@st.cache_data
def load_data():
    # 在这里加载您的训练数据
    # 例如，使用 pandas.read_csv() 函数从 CSV 文件中加载数据
    data = pd.DataFrame(np.random.randn(100, 2), columns=['Feature1', 'Feature2'])
    labels = pd.Series(np.random.randint(0, 2, 100), name='Label')
    return data, labels

data, labels = load_data()

# 加载训练好的模型
@st.cache_resource
def load_model():
```

```
    # 在这里使用训练数据对模型进行训练
    model = RandomForestClassifier()
    model.fit(data, labels)
    return model

model = load_model()

# 创建一个简单的用户界面，用于输入样本数据
st.sidebar.subheader(' 输入样本数据 ')
feature1 = st.sidebar.slider(' 特征 1', 0.0, 10.0, 5.0)
feature2 = st.sidebar.slider(' 特征 2', 0.0, 10.0, 5.0)

# 使用模型进行预测
prediction = model.predict([[feature1, feature2]])

# 显示预测结果
st.subheader(' 模型预测结果 ')
st.write(' 特征 1:', feature1)
st.write(' 特征 2:', feature2)
st.write(' 预测结果 :', prediction[0])

# 加载模型评估指标
evaluation_metrics = {'accuracy': 0.85, 'precision': 0.82, 'recall': 0.78}

# 可视化模型性能指标
st.subheader(' 模型性能指标 ')
st.write(pd.DataFrame.from_dict(evaluation_metrics, orient='index', columns=['Score']))
```

代码 5-16 的输出结果如图 5-16 所示。

图5-16　代码5-16的输出结果

（3）交互式模型应用。

有时候，用户可能需要根据不同的输入条件或参数来调整模型的行为。通过

Streamlit 的交互式输入组件，用户可以方便地调整参数，并实时观察模型的预测结果。用 Streamlit 绘制交互式模型如代码 5-17 所示。

代码 5-17

```python
import streamlit as st
import numpy as np
import pandas as pd
from sklearn.ensemble import RandomForestClassifier

# 加载训练数据
@st.cache_data
def load_data():
    # 在这里加载您的训练数据
    # 例如，使用 pandas.read_csv() 函数从 CSV 文件中加载数据
    data = pd.DataFrame(np.random.randn(100, 2), columns=['Feature1', 'Feature2'])
    labels = pd.Series(np.random.randint(0, 2, 100), name='Label')
    return data, labels

data, labels = load_data()

# 加载训练好的模型
@st.cache_resource
def load_model():
    # 在这里使用训练数据对模型进行训练
    model = RandomForestClassifier()
    model.fit(data, labels)
    return model

model = load_model()

# 创建一个简单的用户界面，用于输入样本数据
st.sidebar.subheader(' 输入样本数据 ')
feature1 = st.sidebar.slider(' 特征 1', 0.0, 10.0, 5.0)
feature2 = st.sidebar.slider(' 特征 2', 0.0, 10.0, 5.0)

# 使用模型进行预测
prediction = model.predict([[feature1, feature2]])

# 显示预测结果
st.subheader(' 模型预测结果 ')
st.write(' 特征 1:', feature1)
st.write(' 特征 2:', feature2)
st.write(' 预测结果 :', prediction[0])

# 加载模型评估指标
evaluation_metrics = {'accuracy': 0.85, 'precision': 0.82, 'recall': 0.78}
```

```
# 可视化模型性能指标
st.subheader(' 模型性能指标 ')
st.write(pd.DataFrame.from_dict(evaluation_metrics, orient='index', columns=['Score']))

# 添加交互式输入组件
st.sidebar.subheader(' 模型参数调整 ')
param1 = st.sidebar.slider(' 参数 1', 0.0, 1.0, 0.5)
param2 = st.sidebar.slider(' 参数 2', 0.0, 1.0, 0.5)

# 使用用户输入的参数进行预测
prediction = model.predict([[param1, param2]])

# 显示预测结果
st.subheader(' 根据用户输入调整参数的预测结果 ')
st.write(' 参数 1:', param1)
st.write(' 参数 2:', param2)
st.write(' 预测结果 :', prediction[0])
```

代码 5-17 的输出结果如图 5-17 所示。

图5-17　代码5-17的输出结果

　　通过以上示例，我们展示了如何使用 Streamlit 创建一个简单且强大的机器学习模型展示和部署应用程序。Streamlit 提供了丰富的组件和功能，使用户能够快速、高效地展示模型，并与模型进行交互。这为机器学习项目的展示和部署提供了便利，使研究成果能够更好地被理解和应用。

3. 数据分析和报告生成

　　数据分析是现代数据驱动决策的基石之一。在各种行业和领域，数据分析都扮演着重要角色，帮助组织和个人从数据中获取洞见、制定策略和做出决策。

Streamlit 提供了强大的工具，使数据分析和报告生成变得更加高效和直观。

下面介绍一些使用 Streamlit 进行数据分析和报告生成的常见应用场景，以及如何使用 Streamlit 实现它们。

（1）数据可视化。

Streamlit 提供了丰富的图表组件，如折线图、柱状图、散点图等，可以帮助用户快速创建各种类型的可视化图表。Streamlit 数据可视化方法如代码 5-18 所示。

代码 5-18

```
import streamlit as st
import pandas as pd
import numpy as np
# 加载数据
@st.cache_data
def load_data():
    # 在这里加载您的数据
    # 例如，使用 pandas.read_csv() 函数从 CSV 文件中加载数据
    data = pd.DataFrame(np.random.randn(100, 2), columns=['Feature1', 'Feature2'])
    return data

data = load_data()

# 绘制折线图
st.subheader(' 折线图示例 ')
st.line_chart(data)

# 绘制柱状图
st.subheader(' 柱状图示例 ')
st.bar_chart(data)

# 绘制散点图
st.subheader(' 散点图示例 ')
st.scatter_chart(data)
```

代码 5-18 的输出结果如图 5-18 所示。

（2）数据摘要和统计分析。

除了可视化，数据分析还包括对数据进行摘要和统计分析的过程。Streamlit 提供了简单的方法来计算数据的描述性统计量、相关系数等，并将其展示给用户，具体方法如代码 5-19 所示。

代码 5-19

```
import streamlit as st
import pandas as pd
import numpy as np
```

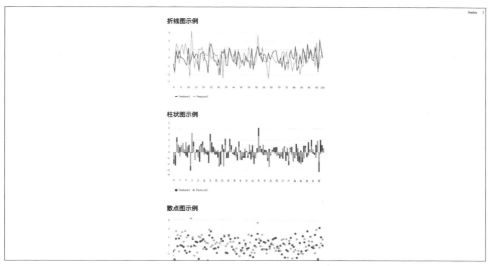

图5-18　代码5-18的输出结果

```
# 加载数据
@st.cache_data
def load_data():
    # 在这里加载您的数据
    # 例如，使用 pandas.read_csv() 函数从 CSV 文件中加载数据
    data = pd.DataFrame(np.random.randn(100, 2), columns=['Feature1', 'Feature2'])
    return data

data = load_data()

# 显示数据摘要
st.subheader(' 数据摘要 ')
st.write(data.describe())

# 计算相关系数
st.subheader(' 相关系数矩阵 ')
st.write(data.corr())
```

代码 5-19 的输出结果如图 5-19 所示。

（3）报告生成与文档化。

Streamlit 还可以用于生成报告和文档，将数据分析的结果以及相关的图表、图形和结论整理成为一份可交付的报告。用户可以通过 Streamlit 的文本组件编写报告内容，并通过嵌入图表和图形来丰富报告的内容。报告生成与文档化如代码 5-20 所示。

数据摘要

	Feature1	Feature2
count	100	100
mean	0.0044	0.0061
std	0.8695	1.0352
min	-2.0947	-2.5019
25%	-0.5664	-0.636
50%	-0.0362	-0.0728
75%	0.7258	0.6933
max	2.0752	3.1738

相关系数矩阵

	Feature1	Feature2
Feature1	1	0.04
Feature2	0.04	1

图5-19　代码5-19的输出结果

代码 5-20

```
import streamlit as st
import pandas as pd
import numpy as np
# 加载数据
@st.cache_data
def load_data():
    # 在这里加载您的数据
    # 例如，使用 pandas.read_csv() 函数从 CSV 文件中加载数据
    data = pd.DataFrame(np.random.randn(100, 2), columns=['Feature1', 'Feature2'])
    return data


data = load_data()


# 编写报告内容
st.subheader(' 数据分析报告 ')
st.write("""
# 报告标题
```

这是一份使用 Streamlit 生成的数据分析报告。在这份报告中，我们对数据进行了可视化分析和摘要统计，并得出了一些结论和建议。

```
""")

# 嵌入图表和图形
st.write("""
## 数据可视化分析

### 折线图示例
```

```
""")
st.line_chart(data)

# 添加结论和建议
st.write("""
## 结论和建议
```

根据数据分析的结果，我们得出以下结论和建议：

```
- 建议 1
- 建议 2
""")
```

代码 5-20 的输出结果如图 5-20 所示。

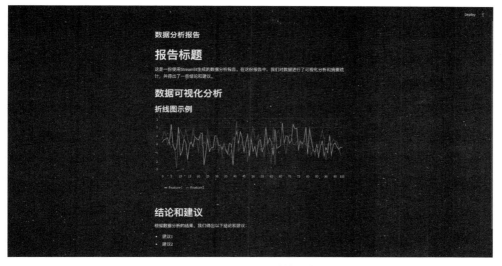

图5-20　代码5-20的输出结果

通过以上示例，我们展示了如何使用 Streamlit 进行数据分析和报告生成。Streamlit 提供了丰富的组件和功能，使用户能够快速、高效地进行数据分析，并将分析结果整理成为一份清晰、直观的报告。这为数据驱动的决策提供了有力的支持，帮助用户更好地理解数据、发现问题和制定策略。

5.2　Gradio介绍

5.2.1　概述

Gradio 是一个简单易用的 Python 库，旨在帮助用户快速构建和部署机器学习模型的交互式 Web 应用程序。它提供了一种直观的方式，使用户能够轻松地将训练好的模型转化为具有交互性的 Web 应用程序，无须深入了解 Web 开发技术。

Gradio 的核心理念是让机器学习模型的部署变得简单、快捷，并提供友好的用户界面，使最终用户能够直观地与模型进行交互。通过 Gradio，用户可以用几行代码构建一个功能完备的 Web 应用程序，而无须烦琐的配置和编码工作。

Gradio 的发展源于对机器学习模型部署过程中的挑战的认识。传统上，将机器学习模型部署到 Web 应用程序中需要大量的工程和技术知识，这对于许多数据科学家和研究人员来说是一个不小的障碍。于是，Gradio 库应运而生，旨在简化这一过程，让更多的人能够轻松地将自己的模型分享给他人，并与之交互。Gradio 具有如下特点。

（1）简单易用。Gradio 提供了简洁清晰的 API，使用户能够快速上手，构建交互式 Web 应用程序。

（2）与 Python 代码无缝集成。Gradio 可与现有的 Python 代码和机器学习框架无缝集成，让用户可以直接使用已有的模型。

（3）丰富的组件。Gradio 提供了多种内置组件，满足用户多样化的需求，包括文本输入、图像展示、文件上传等。

（4）自动化部署和分享。Gradio 支持一键部署到公共服务器，用户可以轻松地将他们的应用分享给他人，实现模型的即时展示和交互。

首先，确保已经安装了 Gradio。如果没有安装，则可以通过 pip 进行安装：

```
pip install gradio
```

然后，我们就可以使用代码 5-21 来创建一个 Gradio 应用程序。

代码 5-21

```
import gradio as gr

def greet(name):
    return f"Hello, {name}!"

iface = gr.Interface(fn=greet, inputs="text", outputs="text", title="Hello, World!")
iface.launch()
```

代码 5-21 的输出结果如图 5-21 所示。

运行代码 5-21 后，会启动一个本地的 Web 服务器，并自动打开一个浏览器窗口，展示出一个简单的 Web 应用程序。在输入框中输入一个数字，点击 Submit 按钮，即可看到模型的预测结果。

通过这个简单的示例，可以快速体验 Gradio 的简洁易用，以及它为构建交互式 Web 应用程序提供的便利性和灵活性。

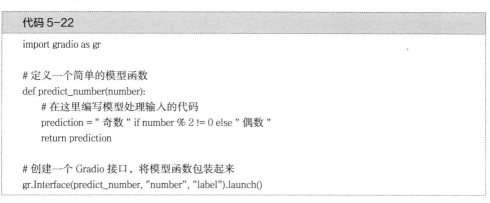

图5-21　代码5-21的输出结果

5.2.2　主要功能

　　Gradio 允许用户将他们的 Python 模型代码轻松地集成到 Gradio 应用中，从而创建一个交互式的界面，使用户能够直接与模型进行交互。

　　集成模型的过程非常简单，用户只需要定义一个 Python 函数来处理输入并生成输出，然后使用 Gradio 的 Interface 类将该函数包装起来，即可创建一个具有交互性的 Web 应用程序。Gradio 会自动处理输入和输出的序列化和反序列化，并为用户提供一个简单且强大的界面，无须用户编写任何复杂的前端代码。

　　代码 5-22 是一个简单的示例，展示了如何将一个简单的 Python 模型集成到 Gradio 应用中。

代码 5-22

```
import gradio as gr

# 定义一个简单的模型函数
def predict_number(number):
    # 在这里编写模型处理输入的代码
    prediction = " 奇数 " if number % 2 != 0 else " 偶数 "
    return prediction

# 创建一个 Gradio 接口，将模型函数包装起来
gr.Interface(predict_number, "number", "label").launch()
```

　　代码 5-22 的输出结果如图 5-22 所示。

图5-22 代码5-22的输出结果

在代码 5-22 的示例中，首先，我们定义了一个名为 predict_number 的函数，它接受一个整数作为输入，并预测该数字是奇数还是偶数。然后，我们使用 Gradio 的 Interface 类创建了一个接口，将 predict_number 函数作为参数传递给它，并指定输入类型为数字，输出类型为标签（即文字）。最后，我们调用 launch 方法启动了 Gradio 应用，用户可以在浏览器中访问该应用，并与模型进行交互。

通过这种简单且直观的方式，用户可以轻松地将自己的 Python 模型集成到 Gradio 应用中，创建出具有交互性和实用性的 Web 应用程序。Gradio 与 Python 模型代码无缝集成的特点为用户提供了一个便捷且高效地构建和部署交互式 Web 应用程序的解决方案。

与 Python 模型代码无缝集成是 Gradio 的重要特点之一。下面将详细介绍 Gradio 的其他重要功能，并提供相应的可操作代码示例。

1. 文本组件

文本组件允许用户输入文本数据，并将其传递给模型进行处理。用户可以在文本输入框中输入文本，模型将会对其进行分析或处理，并返回相应的结果或预测。用 Gradio 创建带有文本组件的页面的方式如代码 5-23 所示。

代码 5-23

```
import gradio as gr
import nltk
from nltk.sentiment import SentimentIntensityAnalyzer

def analyze_text(text):
    # 创建情感分析器
    sia = SentimentIntensityAnalyzer()
```

```
       # 对文本进行情感分析
       sentiment_scores = sia.polarity_scores(text)

       # 返回情感分析结果
       return sentiment_scores

import nltk
nltk.download('vader_lexicon')

gr.Interface(analyze_text, "text", "label").launch()
```

代码 5-23 的输出结果如图 5-23 所示。

图5-23　代码5-23的输出结果

2. 数据表格

　　数据表格组件用于展示数据，并支持对数据进行排序、过滤和搜索等操作。用户可以通过数据表格直观地查看和分析数据，从而更好地理解数据的特征和结构。具体方法如代码 5-24 所示。

代码 5-24

```
import pandas as pd
import gradio as gr

# 创建一个示例数据表格
data = pd.DataFrame({
    'Name': ['Alice', 'Bob', 'Charlie'],
    'Age': [25, 30, 35],
```

```
        'Gender': ['Female', 'Male', 'Male']
})

gr.Interface(lambda df: df, gr.Dataframe(data), "dataframe").launch()
```

代码 5-24 的输出结果如图 5-24 所示。

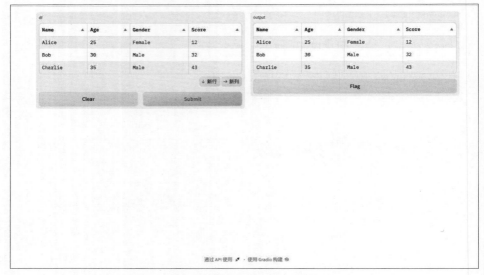

图5-24　代码5-24的输出结果

3. 输入组件

除了文本输入框，Gradio 还提供了多种其他类型的输入组件，如滑块、下拉菜单、复选框等，用于接收用户的输入数据。这些输入组件具有丰富的样式和配置选项，满足用户对于不同类型输入数据的需求。Gradio 中输入组件的使用如代码 5-25 所示。

代码 5-25

```
import gradio as gr

def greet(name):
    return f"Hello, {name}!"

gr.Interface(greet, gr.Textbox(label="Name"), gr.Textbox(label="Greeting")).launch()
```

代码 5-25 的输出结果如图 5-25 所示。

4. 聊天框

聊天框组件允许用户与模型进行自然语言交互，用户可以通过输入文本与模型进行对话，模型将会根据用户的输入进行相应的回复或处理，如代码 5-26 所示。

图5-25　代码5-25的输出结果

代码5-26

```
import gradio as gr

def chatbot(text):
    # 在这里编写聊天机器人的逻辑代码
    # 返回机器人的回复
    bot_reply = "Sorry, I didn't understand that."

    # 示例逻辑：如果用户发送了 "Hello"，则回复 "Hello, how can I help you?"
    if text.lower() == "hello":
        bot_reply = "Hello, how can I help you?"

    return bot_reply

gr.Interface(chatbot, gr.Textbox(label="Enter your message"), gr.Textbox(label="Bot reply")).launch()
```

代码 5-26 的输出结果如图 5-26 所示。

图5-26　代码5-26的输出结果

5. 状态展示

状态展示组件用于展示应用程序的运行状态，如加载中、完成、错误等。用户可以通过配置参数，自定义状态展示组件的样式和内容，以满足不同的展示需求，如代码 5-27 所示。

代码 5-27

```
import time
import gradio as gr

def long_running_task(input_text):
    # 模拟一个耗时的任务
    time.sleep(5)
    return "Task completed!"

gr.Interface(long_running_task, gr.Textbox(label="Status"), gr.Textbox(label="Result")).launch()
```

代码 5-27 的输出结果如图 5-27 所示。

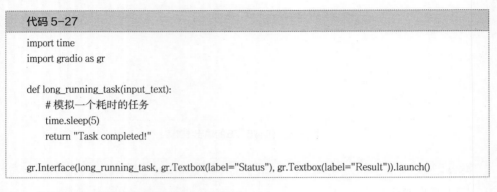

图5-27　代码5-27的输出结果

6. 控制流程

Gradio 提供了丰富的控制流程组件，如按钮、滑块、开关等，用于控制应用程序的运行流程。用户可以通过配置参数定义控制流程组件的行为和效果，以实现对应用程序的灵活控制，如代码 5-28 所示。

代码 5-28

```
import gradio as gr

def toggle(value):
    if value:
        return "Toggle is ON"
```

```
        else:
            return "Toggle is OFF"

gr.Interface(toggle, gr.Checkbox(label="Toggle"), gr.Textbox(label="Status")).launch()
```

代码 5-28 的输出结果如图 5-28 所示。

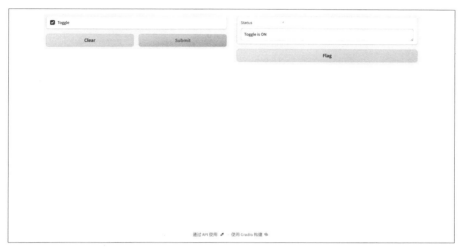

图5-28　代码5-28的输出结果

综上所述，Gradio 提供了丰富的功能，使用户能够快速构建交互式 Web 应用程序，并与 Python 模型代码无缝集成，满足用户对于数据可视化和探索、机器学习模型展示和部署、数据分析和报告生成等多样化应用场景的需求。Gradio 简单易用、功能强大，为用户带来了极大的便利和创造空间。

5.2.3　应用场景

1. 数据可视化和探索

数据可视化是探索数据并从中获得洞察的关键步骤，而 Gradio 提供了简单且直观的界面，使用户能够快速构建交互式 Web 应用程序，以可视化数据并进行探索。

（1）数据组件介绍。

Gradio 提供了许多功能和组件，使用户能够轻松地创建各种类型的数据可视化应用。例如，Gradio 提供了内置的图表组件，可以用于绘制各种类型的图表，如折线图、柱状图、散点图等。用户可以通过简单的 Python 代码将数据传递给图表组件，从而快速绘制出具有交互性的图表。下面将介绍一些常见的数据可视化场景，并提供相应的示例代码，如代码 5-29 所示。

```
# 代码来自 Gradio 官网

import pandas as pd
import numpy as np

import gradio as gr

def plot(v, a):
    g = 9.81
    theta = a / 180 * 3.14
    tmax = ((2 * v) * np.sin(theta)) / g
    timemat = tmax * np.linspace(0, 1, 40)

    x = (v * timemat) * np.cos(theta)
    y = ((v * timemat) * np.sin(theta)) − ((0.5 * g) * (timemat**2))
    df = pd.DataFrame({"x": x, "y": y})
    return df

demo = gr.Blocks()

with demo:
    gr.Markdown(
        r"Let's do some kinematics! Choose the speed and angle to see the trajectory. Remember that the
        range $R = v_0^2 \cdot \frac{\sin(2\theta)}{g}$"
    )

    with gr.Row():
        speed = gr.Slider(1, 30, 25, label="Speed")
        angle = gr.Slider(0, 90, 45, label="Angle")
    output = gr.LinePlot(
        x="x",
        y="y",
        overlay_point=True,
        tooltip=["x", "y"],
        x_lim=[0, 100],
        y_lim=[0, 60],
        width=350,
        height=300,
    )
        btn = gr.Button(value="Run")
        btn.click(plot, [speed, angle], output)

demo.launch()
```

代码 5-29 的输出结果如图 5-29 所示。

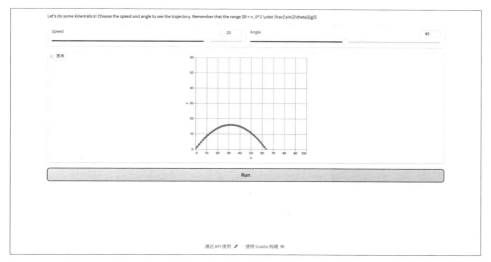

图5-29 代码5-29的输出结果

在代码 5-29 的示例中，首先，我们定义了一个 plot 函数，它接受数字作为输入，并绘制出对应范围内的图表。然后，我们使用 Gradio 创建了一个接口，指定输入类型为数字，并设置了相应的标题和描述。最后，我们调用 launch 方法启动了 Gradio 应用，用户可以在浏览器中输入数字范围并查看相应的图表。

（2）创建交互式数据表格。

除了绘制图表，Gradio 还提供了用于创建交互式数据表格的组件，用户可以轻松地在 Web 应用程序中展示和探索数据。通过数据表格，用户可以查看数据的各个字段，并根据需要对数据进行排序、过滤和筛选。交互式数据表格的使用如代码 5-30 所示。

代码5-30

```
import gradio as gr
import pandas as pd
# 创建数据
data = {
    "Name": ["Alice", "Bob", "Charlie", "David"],
    "Age": [25, 30, 35, 40],
    "Salary": [50000, 60000, 70000, 80000]
}
df = pd.DataFrame(data)

# 创建 Gradio 接口
interface = gr.Interface(fn=lambda: df,
                         inputs=None,
                         outputs=gr.Dataframe(),
```

```
                              title="Employee Data Table",
                              description="Explore employee data in the table.")

# 启动 Gradio 应用
interface.launch()
```

代码 5-30 的输出结果如图 5-30 所示。

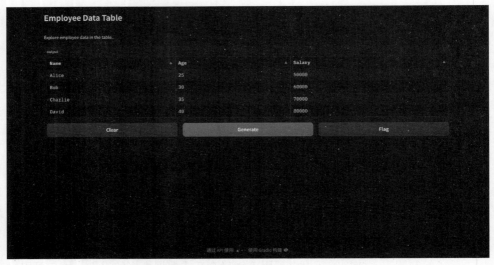

图5-30　代码5-30的输出结果

在代码 5-30 的示例中，首先，我们创建了一个包含员工信息的数据表格，并使用 Gradio 的 Interface 类将数据表格包装起来。然后，我们调用 launch 方法启动了 Gradio 应用，用户可以在浏览器中查看和探索员工数据。

（3）构建交互式数据分析工具。

Gradio 还可被用于构建复杂的交互式数据分析工具，用户可以通过调整参数和选项来探索数据，并即时查看分析结果。这些工具可以帮助用户深入理解数据，并从中提取有价值的信息和见解。交互式数据分析工具的使用如代码 5-31 所示。

代码 5-31

```
import gradio as gr
import pandas as pd
import seaborn as sns

# 加载示例数据集
iris = sns.load_dataset('iris')

# 定义数据分析函数
def analyze_data(sepal_length, sepal_width, petal_length, petal_width):
```

```
      # 进行数据分析
      selected_data = iris[(iris['sepal_length'] > sepal_length) &
                          (iris['sepal_width'] > sepal_width) &
                          (iris['petal_length'] > petal_length) &
                          (iris['petal_width'] > petal_width)]
      # 返回分析结果
      return selected_data


# 创建 Gradio 接口
interface = gr.Interface(analyze_data,
                        ["number", "number", "number", "number"],
                        "dataframe",
                        title="Iris Data Analysis Tool",
                        description="Explore Iris dataset by adjusting parameters.")


# 启动 Gradio 应用
interface.launch()
```

代码 5-31 的输出结果如图 5-31 所示。

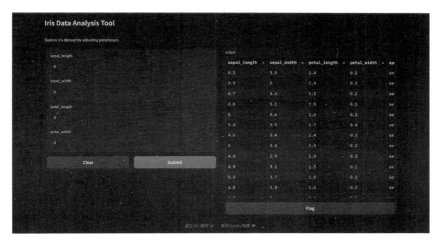

图5-31　代码5-31的输出结果

在代码 5-31 的示例中,首先,我们定义了一个数据分析函数 analyze_data,它接受 4 个参数作为输入,并根据这些参数筛选出符合条件的数据。然后,我们使用 Gradio 的 Interface 类创建了一个接口,指定 4 个输入的类型为数字,并设置了相应的标题和描述。最后,我们调用 launch 方法启动了 Gradio 应用,用户可以在浏览器中调整参数并查看相应的分析结果。

通过以上示例可以看出,Gradio 提供了丰富的功能和组件,使用户能够轻松地创建各种类型的数据可视化和探索应用程序。Gradio 的简单易用性和灵活性使其成为数据科学家、研究人员和开发者的理想选择,帮助他们更好地理解和分析数据。

2. 机器学习模型展示和部署

Gradio 作为一个灵活且强大的工具，不仅可以用于数据可视化和探索，还可以用于机器学习模型的展示和部署。在这一小节中，我们将探讨如何利用 Gradio 来展示和部署机器学习模型，并提供具体的示例代码和应用场景。

机器学习模型的展示和部署是将训练好的模型应用于实际场景的重要环节。Gradio 提供了简单且强大的工具，可以帮助用户将机器学习模型快速、轻松地部署为交互式 Web 应用程序，使用户能够通过简单的界面与模型进行交互，而无须深入了解模型的技术细节。

下面我们将介绍文本相关的常见的机器学习模型展示和部署的场景，并提供相应的示例代码，如代码 5-32 所示。

代码 5-32

```
import gradio as gr
from nltk.classify import SklearnClassifier
from sklearn.linear_model import LogisticRegression
from sklearn.feature_extraction.text import CountVectorizer
from nltk.corpus import movie_reviews
from nltk.tokenize import word_tokenize
from nltk.corpus import stopwords
from nltk.stem import WordNetLemmatizer
import nltk
nltk.download('movie_reviews')
nltk.download('punkt')
nltk.download('stopwords')
nltk.download('wordnet')

from sklearn.ensemble import RandomForestClassifier

def load_model():

    docs = [(list(movie_reviews.words(fileid)), category)
              for category in movie_reviews.categories()
              for fileid in movie_reviews.fileids(category)]
    train_data, test_data = docs[:1600], docs[1600:]

    vectorizer = CountVectorizer()
    train_features = vectorizer.fit_transform([" ".join(word_tokenize(" ".join(d))) for (d, _) in train_data])
    test_features = vectorizer.transform([" ".join(word_tokenize(" ".join(d))) for (d, _) in test_data])

    classifier = RandomForestClassifier(n_estimators=100, random_state=42)

    classifier.fit(train_features, [label for (_, label) in train_data])

    accuracy = classifier.score(test_features, [label for (_, label) in test_data])
```

```
        print("Model accuracy:", accuracy)

    return classifier, vectorizer


# 定义文本分类函数
def classify_text(text):
    # 加载预训练的文本分类模型
    classifier, vectorizer = load_model()
    # 对文本进行预处理
    stop_words = set(stopwords.words("english"))
    lemmatizer = WordNetLemmatizer()
    words = word_tokenize(text)
    words = [lemmatizer.lemmatize(word.lower()) for word in words if word.lower() not in stop_words]
    features = vectorizer.transform([" ".join(words)])
    # 使用预训练的文本分类模型对文本进行分类
    label = classifier.predict(features)[0]
    if label == "pos":
        return " 好的 "
    else:
        return " 坏的 "


# 创建 Gradio 接口
interface = gr.Interface(fn=classify_text,
                         inputs="text",
                         outputs="label",
                         title=" 文本分类 ",
                         description=" 输入一段文本，判断它是好的还是坏的。")


# 启动 Gradio 应用
interface.launch()
```

代码 5-32 的输出结果如图 5-32 所示。

在代码 5-32 的示例中，我们实现了一个简单的文本生成模型。我们通过 Gradio 的 Interface 类创建了一个接口，指定输入类型为文本，输出类型为标签，并设置了相应的标题和描述。用户可以在浏览器中输入种子文本并查看模型生成的文本。

通过以上示例可以看出，Gradio 提供了简单且强大的工具，可以帮助用户轻松地展示和部署各种类型的机器学习模型。Gradio 的简单易用性和灵活性使其成为机器学习工程师、研究人员和开发者的理想选择，帮助他们更好地展示和应用他们的模型。

3. 数据分析和报告生成

数据分析和报告生成是数据科学领域中的核心任务之一，通过对数据进行分析并生成相应的报告，可以帮助决策者更好地理解数据、发现规律、做出决策。

Gradio 提供了丰富的组件和功能，使用户能够轻松地构建交互式数据分析工具，并生成报告以供分享和展示。

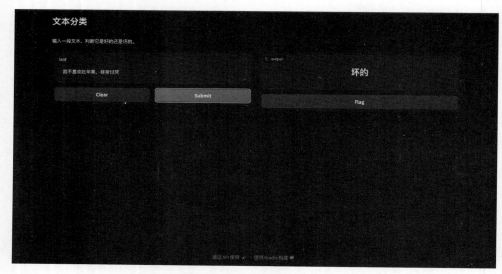

图5-32　代码5-32的输出结果

下面介绍常见的数据分析和报告生成场景，并提供相应的示例代码。

（1）数据可视化与分析。

Gradio 提供了丰富的图表组件，可以帮助用户对数据进行可视化和分析。用户可以通过简单的拖曳操作选择数据源、指定图表类型，并即时查看结果，如代码 5-33 所示。

代码 5-33

```
import gradio as gr
import pandas as pd
import seaborn as sns
import matplotlib.pyplot as plt

# 加载示例数据
iris = sns.load_dataset('iris')
# 定义数据可视化函数
def visualize_data(x_axis, y_axis, hue):
    sns.set(style="whitegrid")
    plt.figure(figsize=(10, 6))
    sns.scatterplot(data=iris, x=x_axis, y=y_axis, hue=hue)
    plt.title(f"Scatter Plot of {x_axis} vs {y_axis}")
    plt.xlabel(x_axis)
    plt.ylabel(y_axis)
    plt.legend(title=hue)
```

```
        plt.tight_layout()
        # 保存图像到文件中
        img_path = 'scatter_plot.png'
        plt.savefig(img_path)
        return img_path


# 创建 Gradio 接口
interface = gr.Interface(fn=visualize_data,
                        inputs=[gr.Dropdown(choices=list(iris.columns), label="X Axis"),
                                gr.Dropdown(choices=list(iris.columns), label="Y Axis"),
                                gr.Dropdown(choices=list(iris.columns), label="Hue (Color)")],
                        outputs=gr.Image(label="Scatter Plot"),
                        title="Data Visualization",
                        description="Select X and Y axes to visualize data.")


# 启动 Gradio 应用
interface.launch()
```

代码 5-33 的输出结果如图 5-33 所示。

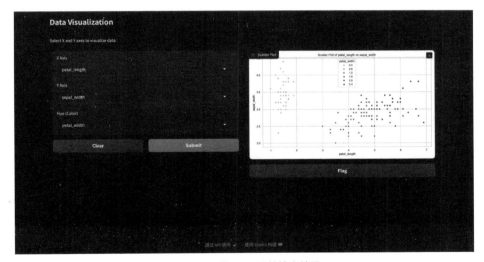

图5-33 代码5-33的输出结果

在代码 5-33 的示例中，我们使用了 Iris 数据集作为示例数据，并使用 Seaborn 和 Matplotlib 库进行数据可视化。我们通过 Gradio 创建了一个接口，用户可以选择要显示的 x 轴、y 轴和颜色属性，并即时查看结果。

（2）数据报告生成。

除了数据可视化，Gradio 还可以用于生成数据报告。用户可以通过简单的界面选择数据源、报告模板和输出格式，并生成相应的报告文件，如代码 5-34 所示。

```
Import gradio as gr
import pandas as pd
import numpy as np
import sweetviz as sv

# 生成随机数据
np.random.seed(0)
data = pd.DataFrame({
    'A': np.random.randint(0, 10, 100),
    'B': np.random.randn(100),
    'C': np.random.choice(['cat', 'dog', 'fish'], 100),
    'D': np.random.choice(['low', 'medium', 'high'], 100)
})

# 定义数据报告生成函数
def generate_report(data, report_format):
    # 生成报告
    report = sv.analyze(data)
    # 输出报告
    if report_format == "HTML":
        report.show_html('report.html')
        return "Report generated successfully! Please check report.html."
    elif report_format == "JSON":
        report.show_json('report.json')
        return "Report generated successfully! Please check report.json."
    else:
        return "Invalid report format. Please choose HTML or JSON."

# 创建 Gradio 接口
interface = gr.Interface(fn=generate_report,
                            inputs=[gr.Dataframe(label="Upload Dataframe"),
                                    gr.Radio(choices=["HTML", "JSON"], label="Report Format")],
                            outputs="text",
                            title="Data Report Generation",
                            description="Upload a Dataframe and choose report format to generate report.")

# 启动 Gradio 应用
interface.launch()
```

代码 5-34 的输出结果如图 5-34、图 5-35 所示。

在代码 5-34 的示例中，我们使用了 sweetviz 库来生成数据报告。通过以上示例，可以看出，Gradio 在数据分析和报告生成方面具有很高的灵活性和易用性。用户可以根据自己的需求快速构建交互式数据分析工具，并生成相应的报告，从而更好地理解数据、发现规律，并与他人分享研究成果。

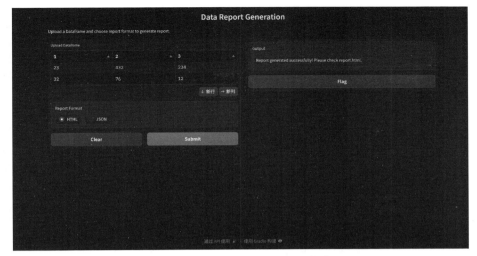

图5-34　代码5-34的输出结果（1）

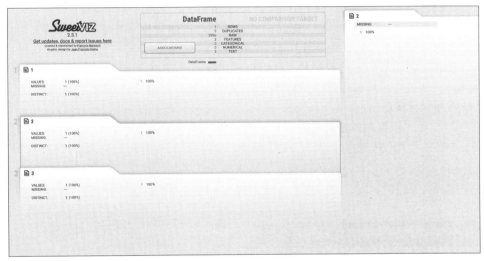

图5-35　代码5-34的输出结果（2）

第6章

RAG 文档分块和向量化

在前面的章节中，我们已经详细介绍了深度学习、自然语言处理以及 Web 可视化的相关知识。深度学习为我们提供了构建和优化复杂模型的工具；自然语言处理帮助我们处理和理解文本数据；而 Web 可视化则为我们提供了展示结果和提高用户体验的方法。这些内容构成了我们理解和实现 RAG 技术的坚实基础。

接下来，我们将正式进入对 RAG 技术的探讨。RAG 是一种将信息检索与生成模型相结合的方法，能够在处理文档搜索和问答任务时提供更加准确和丰富的答案。本书将从以下 3 个方面对 RAG 技术进行详细讲解。

（1）RAG 文档分块和向量化。我们将介绍如何将大规模文档进行分块，并将这些分块转换为向量表示。这是 RAG 模型处理和理解文档内容的基础。

（2）RAG 向量检索技术。我们将讨论如何通过向量检索技术在大规模文档集合中高效查找相关内容，包括使用 KNN 算法等。

（3）RAG 中的 Prompt 技术。我们将详细探讨如何在 RAG 模型中设计和使用 Prompt，以引导生成模型产生更准确和相关的回答。这部分内容包括 Prompt 的设计原则和优化策略。

通过对这 3 方面内容的学习，读者将能够全面掌握 RAG 技术，并能够在实际项目中有效应用这些知识，提升文档搜索和问答系统的性能和用户体验。

6.1 文档分块概述

6.1.1 文档分块的定义和作用

文档分块是自然语言处理中的一项重要技术，它将大型文档或文本数据分解成更小的部分或段落，以便进行更细粒度的处理和分析。在文档分块过程中，通常将文本按照一定的规则或方法分割成若干个块，每个块包含文档的一个局部信息。这些块可以是句子、段落、词语、主题等不同粒度的信息单元。

文档分块的主要作用在于提高文本处理效率，改善模型性能，并且使文本数据更加适应不同的自然语言处理任务和多样的检索方式，具体如下。

（1）提高文本处理效率。对于大型文档或文本数据，直接进行整体处理可能会导致计算复杂度过高，消耗大量资源。通过将文本分块，可以将大问题拆分成小问题，实现并行处理，提高处理效率。

（2）改善模型性能。针对特定任务进行文档分块，可以使模型更专注于局部信息的处理，从而提高模型的准确性和泛化能力。例如，在文本分类任务中，通过分块可以更准确地捕捉文档的主题特征，提高分类的准确性。

（3）适应不同任务。不同的自然语言处理任务对文本数据的需求不同。通过文档分块，可以使文本数据更好地适应不同的任务需求。例如，在文本摘要生成任务中，将文档分块成句子或段落可以更好地提取摘要信息；在命名实体识别任务中，将文档分块成词语可以更好地识别实体名称。

（4）适用多样的检索方式。文档分块后，可以采用不同的检索方式有针对性地进行检索。对于需要精细查询的情况，可以采用小块检索方式，以提高检索的准确性和精度；对于需要整体查询的情况，可以采用大块检索方式，以提高检索的效率和速度。

代码 6-1 给出了一个简单的 Python 代码示例，演示如何使用 Python 库对文本进行分块处理。

代码 6-1

```
import nltk

def chunk_text(text, chunk_size=100):
    # 分句
    sentences = nltk.sent_tokenize(text)

    chunks = []
    chunk = ""
    for sentence in sentences:
        if len(chunk) + len(sentence) <= chunk_size:
            chunk += " " + sentence
        else:
            chunks.append(chunk.strip())
            chunk = sentence
    if chunk:
        chunks.append(chunk.strip())
    return chunks

# 示例文本
text = "Natural language processing is an important technology. It can be used in many fields, such as machine
translation, sentiment analysis, speech recognition, etc. Document chunking is a key step in natural language
processing. It helps us better understand and organize text data."
# 分块处理
chunks = chunk_text(text)
print(" 分块后的文本： ", chunks)
print(" 分块后的文本数量： ", len(chunks))
```

代码 6-1 输出结果如下：

在代码 6-1 中，我们使用 NLTK 库对文本进行了分句操作，然后按照指定的块大小将文本分成了多个块，以便后续的处理和分析。通过文档分块，我们可以更加灵活地处理文本数据，使其适应不同的自然语言处理任务的需求。

6.1.2 常见的文档分块算法

文档分块算法用于将文档按照一定规则或方法进行切分，从而得到更小的文本片段。这些文本片段可以是句子、段落、主题或其他更细粒度的单位。常见的文档分块算法包括滑动窗口、文本切分和基于主题的分块。

1. 滑动窗口

滑动窗口是一种简单且直观的文档分块方法。它通过设定固定大小的窗口，在文档上滑动并逐步切分文本。在每个窗口中，文本被视为一个独立的文本片段，从而实现了文档的分块作用。滑动窗口分块如代码 6-2 所示。

代码 6-2

```
def sliding_window(text, window_size):
    chunks = []
    for i in range(0, len(text), window_size):
        chunk = text[i:i+window_size]
        chunks.append(chunk)
    return chunks

# 示例文本
text = " 这是一个示例文本，用于演示滑动窗口的分块算法。"
# 设置窗口大小为 10
window_size = 10
# 使用滑动窗口进行分块
chunks = sliding_window(text, window_size)
# 打印分块结果
for i, chunk in enumerate(chunks):
    print(f"Chunk {i+1}: {chunk}")
```

代码 6-2 输出结果如下：

```
Chunk 1: 这是一个示例文本，用
Chunk 2: 于演示滑动窗口的分块
Chunk 3: 算法。
```

2. 文本切分

文本切分算法根据特定的文本结构或标记将文本切分成不同的段落、句子或其他单位。常见的文本切分方法包括基于句子边界的切分、基于标点符号的切分等。文本切分如代码 6-3 所示。

代码 6-3

```python
import re

def text_segmentation(text):
    # 使用正则表达式切分文本
    sentences = re.split(r'[。！？；]', text)
    return sentences

# 示例文本
text = " 这是一个示例文本，用于演示文本切分的算法。文本切分可以根据句子边界或标点符号将文本分割成不同的段落。"
# 使用文本切分进行分块
sentences = text_segmentation(text)
# 打印分块结果
for i, sentence in enumerate(sentences):
    print(f"Sentence {i+1}: {sentence}")
```

代码 6-3 输出结果如下：

```
Sentence 1: 这是一个示例文本，用于演示文本切分的算法
Sentence 2: 文本切分可以根据句子边界或标点符号将文本分割成不同的段落
Sentence 3:
```

3. 基于主题的分块

基于主题的分块算法根据文档的主题结构将文本分块。这种方法通常涉及主题建模或聚类技术，将文档划分为具有相似主题的片段。基于主题的分块如代码 6-4 所示。

代码 6-4

```python
from sklearn.feature_extraction.text import TfidfVectorizer
from sklearn.cluster import KMeans

def topic_based_chunking(texts, num_clusters):
    # 使用 TF−IDF 向量化文本
    vectorizer = TfidfVectorizer()
    X = vectorizer.fit_transform(texts)
    # 使用 K 均值聚类算法进行文本分块
    kmeans = KMeans(n_clusters=num_clusters)
    kmeans.fit(X)
```

```
    # 获取文档分块结果
    clusters = {}
    for i, label in enumerate(kmeans.labels_):
        if label not in clusters:
            clusters[label] = []
        clusters[label].append(texts[i])
    return clusters
# 示例文本
texts = [" 这是一篇关于自然语言处理的文章。", " 这是一篇关于机器学习的文章。", " 这是一篇关于
计算机视觉的文章。"]
# 使用基于主题的分块进行文本分块
num_clusters = 2
clusters = topic_based_chunking(texts, num_clusters)
# 打印分块结果
for cluster_id, texts in clusters.items():
    print(f"Cluster {cluster_id+1}:")
    for text in texts:
        print(text)
    print()
```

代码 6-4 输出结果如下：

```
Cluster 1:
这是一篇关于自然语言处理的文章。
这是一篇关于计算机视觉的文章。

Cluster 2:
这是一篇关于机器学习的文章。
```

我们可以根据具体的需求选择合适的方法对文档进行分块，从而实现更有效的文本处理和分析。

6.1.3 文档分块在信息检索和自然语言处理中的应用

文档分块在信息检索和自然语言处理领域有着广泛的应用，其主要作用是将大型文档或文本数据集切分成更小的、可管理的单元，以便进行后续的处理和分析。在信息检索和自然语言处理中，文档分块的应用涉及文本预处理、特征提取、模型训练等多个方面。

1. 文本预处理

在信息检索和自然语言处理任务中，文本预处理是非常重要的一步，而文档分块是文本预处理的一个关键环节。通过将文档切分成段落、句子或其他更小的单元，可以减小文本数据的规模，提高后续处理的效率。例如，在文本分类任务中，可以将文档切分成句子或段落作为模型的输入，如代码 6-5 所示。

```
import nltk

def text_preprocessing(text):
    # 切分文本为句子
    sentences = nltk.sent_tokenize(text)
    return sentences

# 示例文本
text = "Natural language processing is an important technology. It can be used in many fields, such as machine
translation, sentiment analysis, speech recognition, etc. Document chunking is a key step in natural language
processing. It helps us better understand and organize text data."
# 使用文本预处理进行文本切分
sentences = text_preprocessing(text)
# 打印切分结果
for i, sentence in enumerate(sentences):
    print(f"Sentence {i+1}: {sentence}")
```

代码 6-5 输出结果如下：

Sentence 1: Natural language processing is an important technology.

Sentence 2: It can be used in many fields, such as machine translation, sentiment analysis, speech recognition, etc.

Sentence 3: Document chunking is a key step in natural language processing.

Sentence 4: It helps us better understand and organize text data.

6

2. 特征提取

文档分块还可以用于特征提取。通过将文档分成较小的单元，可以针对每个单元提取特征，从而表示文档的内容和结构。这些特征可以是词频、TF-IDF 权重、词向量等。在信息检索任务中，可以使用文档分块提取的特征来表示文档，以便进行相似度计算或检索，如代码 6-6 所示。

代码 6-6

```
from sklearn.feature_extraction.text import TfidfVectorizer

def extract_features(texts):
    # 使用 TF-IDF 向量化文本
    vectorizer = TfidfVectorizer()
    X = vectorizer.fit_transform(texts)
    return X

# 示例文本
texts = [" 这是一个示例文本，用于演示文本特征提取的过程。", " 这是另一个示例文本，用于演示
文本特征提取的过程。"]
```

```
# 提取文本特征
features = extract_features(texts)
# 打印特征维度
print("Feature dimension:", features.shape)
```

代码 6-6 输出结果如下：

```
Feature dimension: (2, 3)
```

3. 模型训练

在自然语言处理任务中，文档分块还可以作为模型训练的数据准备步骤。通过将文档切分成更小的单元，可以构建更多样化、更具代表性的训练样本，从而提高模型的泛化能力。例如，在命名实体识别任务中，可以将文档切分成句子或短语作为训练样本，以训练实体识别模型，如代码 6-7 所示。

代码 6-7

```
from sklearn.model_selection import train_test_split
from sklearn.feature_extraction.text import TfidfVectorizer

def extract_features(texts):
    # 使用 TF-IDF 向量化文本
    vectorizer = TfidfVectorizer()
    X = vectorizer.fit_transform(texts)
    return X

# 示例文本
texts = [" 这是一个示例文本，用于演示文本特征提取的过程。", " 这是另一个示例文本，用于演示
文本特征提取的过程。"]
# 提取文本特征
features = extract_features(texts)

from sklearn.svm import OneClassSVM
from sklearn.metrics import accuracy_score
def train_model(X, y):
    # 将数据切分为训练集和测试集
    X_train, X_test, y_train, y_test = train_test_split(X, y, test_size=0.2, random_state=42)

    # 训练 OneClassSVM 模型
    model = OneClassSVM()
    model.fit(X_train)

    # 在测试集上评估模型
    y_pred = model.predict(X_test)
    accuracy = accuracy_score(y_test, y_pred)
```

```
        return model, accuracy

# 示例特征和标签
X = features
y = [0, 0]  # 示例标签，两个样本都属于 class 0

# 训练模型
trained_model, accuracy = train_model(X, y)

# 打印模型准确率
print("Model accuracy:", accuracy)
```

代码 6-7 输出结果如下：

```
Model accuracy: 0.0
```

通过以上示例，我们可以看到文档分块在信息检索和自然语言处理中的广泛应用。它不仅可以帮助我们对大规模文本数据进行高效处理，还可以为后续的特征提取和模型训练提供重要支持。

6.2　文档分块方法

6.2.1　基于规则的文档分块方法

基于规则的文档分块方法是一种简单而有效的技术，它依赖于事先定义好的规则来将文档划分成小块。这些规则可以基于文档的结构、语法或特定的标记来制定。虽然这种方法可能不如基于机器学习或深度学习的方法那样灵活和自适应，但在某些场景下，它仍然是一种快速、有效的文档分块方法。

基于规则的文档分块方法的主要作用是将文档划分成更小的、具有一定语义或结构的单元，以便后续的处理和分析。这些单元可以是句子、段落、章节等，具体取决于所定义的规则和任务需求。它主要具有以下三个优势。

（1）简单易用：基于规则的方法不需要大量的训练数据或复杂的模型，只需要事先定义好的规则即可实现文档分块。

（2）快速高效：由于不涉及复杂的模型训练过程，基于规则的方法通常具有较高的运行速度和效率。

（3）可解释性强：由于规则是人定义的，因此基于规则的方法具有较强的可解释性，可以清晰地理解和调整规则。

基于规则的文档分块方法通过定义一系列规则来识别文档中的分块边界。这些规则可以基于文本的结构、语法、特定标记等方面。例如，可以根据段落间的空行或特定标记（如标题标记）来给文档分块。

基于规则的文档分块方法可以采用多种规则来识别文档中的分块边界。以下是一些常见的规则示例。

（1）段落划分规则：基于空行或特定标记（如 "\n\n"）来划分文档的段落。

（2）标题划分规则：根据文档中的标题标记（如 "# Title"）来划分章节或子章节。

（3）列表划分规则：根据文档中的列表标记（如 "* Item"）来划分列表项。

（4）句子划分规则：使用句子分割器（如 NLTK 或 Spacy）将文本划分成句子。

例如，代码 6-8 是使用 Python 实现基于规则的文档分块方法的示例代码。该代码使用空行来划分文档的段落，并将每个段落作为一个分块输出。

代码 6-8

```
def rule_based_chunking(text):
    chunks = []
    current_chunk = []
    for line in text.split("\n"):
        if line.strip(): # 如果行不为空
            current_chunk.append(line.strip())
        elif current_chunk: # 如果遇到空行且当前分块不为空，则将当前分块加入结果列表中
            chunks.append("\n".join(current_chunk))
            current_chunk = []
    if current_chunk: # 处理最后一个分块
        chunks.append("\n".join(current_chunk))
    return chunks


# 示例文本
text = """
这是第一个段落。

这是第二个段落，它有多行。
第二行。
第三行。

这是第三个段落。
"""


# 使用基于规则的文档分块方法对示例文本进行分块
chunks = rule_based_chunking(text)
# 打印分块结果
for i, chunk in enumerate(chunks):
    print(f"Chunk {i+1}:\n{chunk}\n")
```

代码 6-8 输出结果如下：

```
Chunk 1:
这是第一个段落。

Chunk 2:
这是第二个段落，它有多行。
第二行。
第三行。


Chunk 3:
这是第三个段落。
```

通过上述代码，我们可以看到基于规则的文档分块方法的简单实现。在这个示例中，我们使用空行来划分段落，并将每个段落作为一个分块输出。

6.2.2　基于机器学习的文档分块方法

基于机器学习的文档分块方法利用机器学习模型从文本中自动学习特征并进行分块。相比于基于规则的方法，它更加灵活，可以适应不同类型和领域的文档。在这一小节中，我们将探讨机器学习方法在文档分块中的应用以及实现代码。

要使用基于机器学习的文档分块方法，首先需要准备训练数据，训练数据通常包括已经分块的文档以及相应的标签，标签标记每个部分的类别。然后利用这些数据训练一个机器学习模型，例如支持向量机（SVM）、随机森林（Random Forest）、朴素贝叶斯（Naive Bayes）等，来学习文档的特征和分块规律。例如，对于新闻文章分块，我们可以将新闻文章按照不同的类别进行分块，如政治、经济、体育等；对于学术论文结构化，我们可以将学术论文按照章节划分进行分块，如引言、方法、结果、讨论等。

代码 6-9 是使用 Python 的 scikit-learn 库实现基于机器学习的文档分块方法的示例代码。在这个示例中，我们将使用支持向量机模型来对新闻文章进行分块。

代码 6-9

```python
from sklearn.model_selection import train_test_split
from sklearn.feature_extraction.text import TfidfVectorizer
from sklearn.svm import SVC
from sklearn.metrics import classification_report

# 假设已经准备好了训练数据，包括文档内容和对应的标签
# 文档内容
documents = [" 文档 1 的内容 ", " 文档 2 的内容 ", " 文档 N 的内容 "]
# 文档标签
labels = [" 标签 1", " 标签 2", " 标签 N"]
```

```
# 划分训练集和测试集
X_train, X_test, y_train, y_test = train_test_split(documents, labels, test_size=0.2, random_state=42)

# 使用 TF-IDF 特征提取
vectorizer = TfidfVectorizer()
X_train_tfidf = vectorizer.fit_transform(X_train)
X_test_tfidf = vectorizer.transform(X_test)

# 训练支持向量机模型
svm_model = SVC(kernel='linear')
svm_model.fit(X_train_tfidf, y_train)

# 在测试集上进行预测
y_pred = svm_model.predict(X_test_tfidf)

# 输出分类报告
print(classification_report(y_test, y_pred))
```

代码 6-9 输出结果如下：

	precision	recall	f1-score	support
标签 1	0.00	0.00	0.00	1.0
标签 N	0.00	0.00	0.00	0.0
accuracy			0.00	1.0
macro avg	0.00	0.00	0.00	1.0
weighted avg	0.00	0.00	0.00	1.0

在代码 6-9 中，我们首先导入了必要的库，然后准备了训练数据。接下来，我们使用 TF-IDF 特征提取器将文本转换成数值特征向量，并利用支持向量机模型进行训练。最后，在测试集上进行预测并输出分类报告。

基于机器学习的文档分块方法是一种灵活且高效的方法，适用于各种类型的文档。通过合理选择特征提取方法和机器学习模型，可以实现对文档的自动化分块，为后续的信息提取和分析提供便利。

6.2.3　基于深度学习的文档分块方法

基于深度学习的文档分块方法利用深度学习模型从文本中学习特征并进行分块。深度学习模型能够自动地从大量数据中学习到数据的表示，从而完成文档的分块任务。在这一小节中，我们将介绍深度学习方法在文档分块中的应用以及具体的实现代码。

基于深度学习的文档分块方法通常采用神经网络模型，这些模型能够对文本进行端到端的学习，无须人工设计特征。典型的深度学习模型包括循环神经网络（RNN）、长短期记忆网络（LSTM）、门控循环单元（GRU）和转换器（Transformer）等。这些模型能够学习到文档中的语义信息，并根据任务需要进行文档的分块。

（1）情感分析中的句子划分：在情感分析任务中，可以使用深度学习模型对文本进行句子级别的划分，以便更精确地分析句子的情感属性。

（2）命名实体识别中的实体抽取：在命名实体识别任务中，可以利用深度学习模型对文本进行实体级别的划分，从而实现对命名实体的抽取。

（3）问答系统中的答案定位：在问答系统中，可以使用深度学习模型对文档进行段落级别的划分，以便更准确地定位答案所在的段落。

代码 6-10 是使用 Python 的 PyTorch 库实现基于深度学习的文档分块方法的示例代码。在这个示例中，我们将使用长短期记忆网络模型对文本进行分块。

代码 6-10

```python
import torch
import torch.nn as nn
import torch.optim as optim
from torch.utils.data import Dataset, DataLoader
from torch.nn.utils.rnn import pad_sequence

class CustomTokenizer:
    def __init__(self):
        self.word_index = {}
        self.index_word = {}
        self.vocab_size = 0

    def fit_on_texts(self, texts):
        for text in texts:
            for word in text.split():
                if word not in self.word_index:
                    self.word_index[word] = self.vocab_size
                    self.index_word[self.vocab_size] = word
                    self.vocab_size += 1

    def texts_to_sequences(self, texts):
        sequences = []
        for text in texts:
            sequence = [self.word_index[word] for word in text.split()]
            sequences.append(sequence)
        return sequences
# 假设已经准备好了训练数据，包括文档内容和对应的标签
# 文档内容
documents = [" 文档 1 的内容 ", " 文档 2 的内容 "," 文档 N 的内容 "]
```

```python
# 文档标签
labels = [" 标签 1", " 标签 2"," 标签 N"]

# 文本分词
tokenizer = CustomTokenizer()
tokenizer.fit_on_texts(documents)

# 标签转换为数字编码
label_dict = {label: i for i, label in enumerate(set(labels))}
num_classes = len(label_dict)
numeric_labels = [label_dict[label] for label in labels]

# 构建数据集
class CustomDataset(Dataset):
    def __init__(self, documents, labels, tokenizer):
        self.documents = documents
        self.labels = labels
        self.tokenizer = tokenizer

    def __len__(self):
        return len(self.documents)

    def __getitem__(self, idx):
        document = self.documents[idx]
        label = self.labels[idx]

        sequence = self.tokenizer.texts_to_sequences([document])[0]

        return torch.tensor(sequence), torch.tensor(label)

dataset = CustomDataset(documents, numeric_labels, tokenizer)

# 构建数据加载器
batch_size = 32
data_loader = DataLoader(dataset, batch_size=batch_size, shuffle=True)

# 构建模型，定义损失函数和优化器，训练模型等与之前相同，不再重复

# 构建模型
class LSTMModel(nn.Module):
    def __init__(self, vocab_size, embedding_dim, hidden_dim, num_classes):
        super(LSTMModel, self).__init__()
        self.embedding = nn.Embedding(vocab_size, embedding_dim)
        self.lstm1 = nn.LSTM(embedding_dim, hidden_dim, batch_first=True)
        self.lstm2 = nn.LSTM(hidden_dim, hidden_dim, batch_first=True)
        self.fc = nn.Linear(hidden_dim, num_classes)
```

```
        def forward(self, x):
            embedded = self.embedding(x)
            output1, _ = self.lstm1(embedded)
            output2, _ = self.lstm2(output1)
            last_output = output2[:, -1, :]
            return self.fc(last_output)


vocab_size = len(tokenizer.word_index) + 1
embedding_dim = 100
hidden_dim = 64


model = LSTMModel(vocab_size, embedding_dim, hidden_dim, num_classes)


# 定义损失函数和优化器
criterion = nn.CrossEntropyLoss()
optimizer = optim.Adam(model.parameters())


# 训练模型
num_epochs = 10
for epoch in range(num_epochs):
    total_loss = 0
    total_correct = 0
    total_samples = 0

    for sequences, labels in data_loader:
        optimizer.zero_grad()

        predictions = model(sequences)
        loss = criterion(predictions, labels)
        loss.backward()
        optimizer.step()

        total_loss += loss.item()
        _, predicted_labels = torch.max(predictions, 1)
        total_correct += (predicted_labels == labels).sum().item()
        total_samples += labels.size(0)

    accuracy = total_correct / total_samples
    print(f'Epoch [{epoch+1}/{num_epochs}], Loss: {total_loss:.4f}, Accuracy: {accuracy:.4f}')
```

代码 6-10 输出结果如下：

```
Epoch [1/10], Loss: 1.0990, Accuracy: 0.3333
Epoch [2/10], Loss: 1.0888, Accuracy: 0.3333
Epoch [3/10], Loss: 1.0785, Accuracy: 0.3333
Epoch [4/10], Loss: 1.0678, Accuracy: 0.3333
```

```
Epoch [5/10], Loss: 1.0564, Accuracy: 0.3333
Epoch [6/10], Loss: 1.0443, Accuracy: 0.3333
Epoch [7/10], Loss: 1.0312, Accuracy: 0.3333
Epoch [8/10], Loss: 1.0169, Accuracy: 0.6667
Epoch [9/10], Loss: 1.0015, Accuracy: 0.6667
Epoch [10/10], Loss: 0.9847, Accuracy: 0.6667
```

在代码 6-10 中，我们首先对文本进行分词，并使用填充序列的方式使所有文档的长度相同。然后，将标签转换为 Hot 编码。接下来，我们构建了一个包含嵌入层和 LSTM 层的深度学习模型，并编译了模型。最后，我们使用训练数据对模型进行训练。

基于深度学习的文档分块方法通过端到端的学习，能够自动地从文本中学习到语义信息，并完成文档的分块任务。深度学习模型可以适应各种类型和领域的文档，并在多种自然语言处理任务中发挥重要作用。

6.3　文档向量化概述

在本节中，我们将介绍文档向量化的定义、作用以及常见的应用场景和评估指标。

6.3.1　文档向量化的定义和作用

文档向量化是 NLP 中的一项关键技术，它将文档表示为数值化的向量形式。在文档向量化中，文档中的单词、短语或句子被映射到一个向量空间中的向量，从而使计算机能够对文本进行有效的处理和分析。这种向量化表示使计算机能够理解和处理文本数据，从而在各种 NLP 任务中发挥重要作用。

文档向量化在自然语言处理中有着广泛的应用，主要应用在文本分类、信息检索、情感分析、文本相似度计算和文本生成中。

代码 6-11 是一段使用 Python 编写的示例代码，演示了如何使用词袋模型（Bag of Words，BoW）将文档向量化。在这个示例中，我们将使用 scikit-learn 库实现文档向量化的过程。

代码 6-11

```
from sklearn.feature_extraction.text import CountVectorizer

# 假设有一些文档数据
documents = [
    '这是第一个文档',
    '这是第二个文档',
    '这是第三个文档',
    '这是第四个文档'
```

```
    ]

    # 初始化词袋模型
    vectorizer = CountVectorizer()

    # 文档向量化
    document_vectors = vectorizer.fit_transform(documents)

    # 输出向量化结果
    print(" 文档向量化结果：")
    print(document_vectors.toarray())

    # 输出词汇表
    print(" 词汇表：")
    print(vectorizer.get_feature_names_out())
```

代码 6-11 输出结果如下。

```
文档向量化结果：
[[1 0 0 0]
 [0 0 1 0]
 [0 1 0 0]
 [0 0 0 1]]
词汇表：
[' 这是第一个文档 '' 这是第三个文档 '' 这是第二个文档 '' 这是第四个文档 ']
```

在代码 6-11 中，我们首先定义了一些文档数据。然后，使用 CountVectorizer
类初始化了一个词袋模型，并将文档数据转换为向量表示。最后，输出了文档的向
量化结果和词汇表。

6.3.2　文档向量化在自然语言处理中的应用场景

文档向量化是自然语言处理中的一项关键技术，它在各种应用场景中发挥着重
要作用。下面将介绍文档向量化在自然语言处理的一些重要任务中的应用场景。

1. 文本分类

文本分类的目标是将文本按照预定义的类别进行分类。文档向量化可以将文
本表示为向量形式，从而为文本分类任务提供基础支持。通过将文档向量输入分类
器，可以实现对文本的自动分类。例如，在垃圾邮件过滤器中，可以使用文档向量
化将邮件表示为向量形式，从而实现对垃圾邮件和非垃圾邮件的分类。

2. 信息检索

信息检索的目标是从大规模文本数据中检索出与用户查询相关的文档。文档向
量化可以将文档表示为向量形式，从而实现文档之间的相似度计算。通过计算查询

向量与文档向量之间的相似度，可以实现对文档的检索和排序。例如，在搜索引擎中，可以使用文档向量化将查询和候选文档表示为向量形式，从而实现文档的检索和排名。

3. 文本相似度计算

文本相似度计算的目标是衡量两个文本之间的语义相似度。文档向量化可以将文本表示为向量形式，从而实现文本之间的相似度计算。通过计算文档向量之间的相似度，可以衡量文档之间的语义相似度。例如，在问答系统中，可以使用文档向量化计算用户提问和候选答案之间的相似度，从而实现问题的匹配和回答。

4. 情感分析

情感分析的目标是识别文本中的情感倾向。文档向量化可以将文本表示为向量形式，从而实现对文本情感的表示和分析。通过分析文档向量中的语义信息，可以识别文本中的情感倾向。例如，在社交媒体分析中，可以使用文档向量化对用户发表的言论进行情感分析，从而了解用户的情感状态和态度倾向。

5. 文本生成

文本生成的目标是根据给定的上下文生成新的文本。文档向量化可以将文本表示为向量形式，从而为文本生成任务提供基础支持。通过将上下文向量输入生成模型，可以实现文本的自动生成。例如，在对话系统中，可以使用文档向量化将对话历史表示为向量形式，从而预测并生成下一句话。

代码 6-12 是一段使用 Python 编写的示例代码，演示了如何使用文档向量化在情感分析任务中进行文本分类。

代码 6-12

```python
from sklearn.model_selection import train_test_split
from sklearn.feature_extraction.text import CountVectorizer
from sklearn.naive_bayes import MultinomialNB
from sklearn.metrics import accuracy_score

# 假设有一些情感分析数据，包括文本和标签
texts = [
    '这部电影太棒了！',
    '这个产品质量很差。',
    '我非常喜欢这个餐厅。',
    '这本书太无聊了。',
    '这个手机性能很好。',
    '这个游戏太难了。'
]
labels = ['正面', '负面', '正面', '负面', '正面', '负面']

# 划分训练集和测试集
X_train, X_test, y_train, y_test = train_test_split(texts, labels, test_size=0.2, random_state=42)
```

```
# 初始化词袋模型
vectorizer = CountVectorizer()

# 训练文档向量化器
X_train_vec = vectorizer.fit_transform(X_train)
X_test_vec = vectorizer.transform(X_test)

# 初始化朴素贝叶斯分类器
classifier = MultinomialNB()

# 训练分类器
classifier.fit(X_train_vec, y_train)
# 在测试集上进行预测
y_pred = classifier.predict(X_test_vec)

# 计算准确率
accuracy = accuracy_score(y_test, y_pred)
print(" 准确率：", accuracy)
```

代码 6-12 输出结果如下：

```
准确率: 0.5
```

在代码 6-12 中，我们首先定义了一些情感分析数据，包括文本和标签。然后，我们将数据划分为训练集和测试集，并使用 CountVectorizer 类初始化了一个词袋模型。接着，我们使用训练集数据训练了文档向量化器，并使用朴素贝叶斯分类器对情感进行分类。最后，我们计算了分类器在测试集上的准确率。

6.3.3 文档向量化的评估指标

文档向量化是将文档表示为向量形式的过程，其质量直接影响后续自然语言处理任务的效果。为了评估文档向量化的质量，需要使用一些评估指标来衡量文档向量的表达能力、相似性和效果。下面介绍几种常用的文档向量化的评估指标。

1. 余弦相似度（Cosine Similarity）

余弦相似度是衡量两个向量之间的相似程度的常用指标。在文档向量化中，可以使用余弦相似度来衡量两个文档向量之间的相似程度。余弦相似度的取值范围为 [-1, 1]，值越接近 1，表示两个向量越相似；值越接近 -1，表示两个向量越不相似。

2. 欧氏距离（Euclidean Distance）

欧氏距离是衡量两个向量之间的距离的常用指标。在文档向量化中，可以使用欧氏距离来衡量两个文档向量之间的差异程度。欧氏距离的值越小，表示两个向量越相似；值越大，表示两个向量越不相似。

3. Pearson相关系数（Pearson Correlation Coefficient）

Pearson 相关系数是衡量两个变量之间线性相关程度的指标。在文档向量化中，可以使用 Pearson 相关系数来衡量两个文档向量之间的线性相关程度。Pearson 相关系数的取值范围为 [−1, 1]，其绝对值越接近 1，表示两个向量之间的线性相关程度越高；越接近 0，表示两个向量之间的线性相关程度越低。

4. Jaccard相似系数（Jaccard Similarity Coefficient）

Jaccard 相似系数是衡量两个集合之间相似程度的指标。在文档向量化中，可以使用 Jaccard 相似系数来衡量两个文档向量之间的相似程度。Jaccard 相似系数的取值范围为 [0, 1]，值越接近 1，表示两个向量之间的相似程度越高；值越接近 0，表示两个向量之间的相似程度越低。

5. 聚类准确度（Clustering Accuracy）

聚类准确度是衡量聚类结果的指标。在文档向量化中，可以使用聚类准确度来评估文档向量化的效果。聚类准确度越高，表示文档向量化的效果越好；反之，则效果越差。

代码 6-13 是一段使用 Python 编写的示例代码，演示了如何使用不同的评估指标来评估文档向量化的效果。

代码 6-13

```
from sklearn.metrics.pairwise import cosine_similarity, euclidean_distances
from scipy.stats import pearsonr
from sklearn.cluster import KMeans
from sklearn.datasets import fetch_20newsgroups
from sklearn.feature_extraction.text import TfidfVectorizer

# 指定要包含的类别
categories = ['alt.atheism', 'talk.religion.misc']

# 加载较小的子集
newsgroups_train = fetch_20newsgroups(subset='train', categories=categories)

# 使用 TF-IDF 向量化器将文本转换为向量
vectorizer = TfidfVectorizer()
X = vectorizer.fit_transform(newsgroups_train.data)

# 计算文档之间的余弦相似度
cos_sim = cosine_similarity(X)

# 计算文档之间的欧氏距离
euclidean_dist = euclidean_distances(X)

# 计算文档之间的 Pearson 相关系数
pearson_corr = pearsonr(X.toarray()[0], X.toarray()[1])
```

```
# 使用 K 均值算法对文档进行聚类
kmeans = KMeans(n_clusters=20)
kmeans.fit(X)
labels = kmeans.labels_

# 计算聚类准确度
cluster_acc = sum(labels == newsgroups_train.target) / len(labels)

# 打印评估结果
print("Cosine Similarity: ", cos_sim)
print("Euclidean Distance: ", euclidean_dist)
print("Pearson Correlation Coefficient: ", pearson_corr)
print("Clustering Accuracy: ", cluster_acc)
```

代码 6-13 输出结果如下：

```
Cosine Similarity: [[1. 0.05594528 0.11771245 ... 0.11025364 0.0323622  0.09865535]
 [0.05594528 1. 0.08511918 ... 0.13417837 0.03545868 0.07379948]
 [0.11771245 0.08511918 1.... 0.16337273 0.05631745 0.15276344]
 ...
 [0.11025364 0.13417837 0.16337273 ... 1. 0.06429565 0.18438991]
 [0.0323622  0.03545868 0.05631745 ... 0.06429565 1.        0.06581139]
 [0.09865535 0.07379948 0.15276344 ... 0.18438991 0.06581139 1.      ]]
Euclidean Distance: [[0. 1.37408494 1.32837311 ... 1.33397628 1.39114183 1.34264266]
 [1.37408494 0. 1.35268682 ... 1.31591917 1.38891419 1.3610294 ]
 [1.32837311 1.35268682 0.... 1.2935434  1.37381407 1.3017193 ]
 ...
 [1.33397628 1.31591917 1.2935434  ... 0. 1.36799441 1.2771923 ]
 [1.39114183 1.38891419 1.37381407 ... 1.36799441 0. 1.36688595]
 [1.34264266 1.3610294  1.3017193  ... 1.2771923  1.36688595 0.]]
Pearson Correlation Coefficient: PearsonRResult(statistic=0.05231717913533926, pvalue=
1.9120383854478956e−12)
Clustering Accuracy:  0.012835472578763127
```

在代码 6-13 中，我们可以看到如何使用 Python 中的相关库计算不同的文档向量化评估指标，并据此评估文档向量化的效果。这些评估指标可以帮助我们更好地理解文档向量化的质量和效果，从而指导后续的自然语言处理任务。

6.4 基于词袋模型的文档向量化方法

6.4.1 词频矩阵

词频矩阵是一种将文档中每个词的出现频率统计成一个矩阵的方法。在词频矩阵中，矩阵的行数对应文档数，列数对应词汇表中的单词数。矩阵中的每个元素表示某个文档中某个单词的出现频率。词频矩阵的作用是将文档表示为向量形式，以便后续的自然语言处理任务使用。词频矩阵有很明显的优缺点。

1. 优点

- 简单直观：词频矩阵的构建方法简单直观，易于理解和实现。
- 信息丰富：每个单词的出现频率可以提供一定程度的信息，可以帮助区分不同文档的特征。
- 适用性广泛：词频矩阵适用于各种文本分类、聚类等自然语言处理任务。

2. 缺点

- 忽略词语权重：词频矩阵只考虑了单词在文档中的出现频率，而没有考虑单词的重要性，可能会导致一些常见但无实际意义的单词对文档向量产生较大影响。
- 稀疏性：大规模文本数据集形成的词频矩阵可能会非常稀疏，导致存储和计算成本高。
- 无法处理语义信息：词频矩阵只反映了单词在文档中的出现频率，无法捕捉单词之间的语义关系，限制了其在一些语义相关性较强的任务中的表现。

代码 6-14 是一段使用 Python 编写的示例代码，演示了如何使用词频矩阵将文档表示为向量形式。

代码 6-14

```
from sklearn.feature_extraction.text import CountVectorizer

# 示例文档
documents = [
    "This is the first document.",
    "This document is the second document.",
    "And this is the third one.",
    "Is this the first document?",
]

# 创建词频矩阵
vectorizer = CountVectorizer()
X = vectorizer.fit_transform(documents)

# 打印词汇表
print("Vocabulary: ", vectorizer.get_feature_names_out())

# 打印词频矩阵
print("Word Frequency Matrix: ")
print(X.toarray())
```

代码 6-14 输出结果如下：

```
Vocabulary: ['and' 'document' 'first' 'is' 'one' 'second' 'the' 'third' 'this']
Word Frequency Matrix:
[[0 1 1 1 0 0 1 0 1]
 [0 2 0 1 0 1 1 0 1]
 [1 0 0 1 1 0 1 1 1]
 [0 1 1 1 0 0 1 0 1]]
```

在代码 6-14 中，我们将示例文档表示为词频矩阵的形式。词频矩阵将每个文档表示为一个向量，其中每个元素表示对应单词在文档中的出现频率。

6.4.2　TF-IDF矩阵

TF-IDF（Term Frequency-Inverse Document Frequency，词频-逆文档频率）是一种常用于信息检索和文本挖掘的加权技术，用于评估一个单词在文档集合中的重要程度。TF-IDF 矩阵将文档中每个词的 TF-IDF 权重统计成一个矩阵，其中行数对应文档数，列数对应词汇表中的单词数。TF-IDF 矩阵的元素表示某个文档中某个单词的 TF-IDF 权重，它综合考虑了单词在当前文档中的出现频率（TF）和在整个文档集合中的稀有程度（IDF）。

在计算 TF-IDF 权重时，通常使用如下的公式：

$$\text{TF-IDF}(w, d) = \text{TF}(w, d) \cdot \text{IDF}(w) \tag{6-1}$$

其中：

$\text{TF}(w, d)$ 表示单词 w 在文档 d 中的出现频率，可以使用词频或词频归一化（term frequency normalization）等方式计算。

$\text{IDF}(w)$ 表示单词 w 的逆文档频率，计算方式为 $\log\left(\dfrac{N}{\text{df}(w)+1}\right)$，其中 N 表示文档总数，$\text{df}(w)$ 表示包含单词 w 的文档数。

当然，TF-IDF 矩阵也有很明显的优缺点。

1. 优点

- 反映单词重要性：TF-IDF 矩阵不仅考虑了单词在当前文档中的频率，还考虑了单词在整个文档集合中的稀有程度，能更好地反映单词的重要性。
- 降低常见词权重：常见单词会在大多数文档中出现，因此其 IDF 值较小，从而权重降低，减少了对文档表示的影响。
- 适用性广泛：TF-IDF 矩阵适用于各种文本挖掘任务，如信息检索、文本分类和聚类等。

2. 缺点

- 忽略语义信息：TF-IDF 矩阵只基于单词的频率和稀有程度进行权重计算，忽略了单词之间的语义关系，可能导致在一些语义相关性较强的任务中表现不佳。

■ 无法处理词序信息：TF-IDF 矩阵将文档表示为单词的集合，忽略了单词在文档中的顺序信息，对于某些文本序列信息敏感的任务可能不太适用。

代码 6-15 是一段使用 Python 编写的示例代码，演示了如何使用 TF-IDF 矩阵将文档表示为向量形式。

代码 6-15

```
from sklearn.feature_extraction.text import TfidfVectorizer

# 示例文档
documents = [
    "This is the first document.",
    "This document is the second document.",
    "And this is the third one.",
    "Is this the first document?",
]

# 创建 TF-IDF 矩阵
vectorizer = TfidfVectorizer()
X = vectorizer.fit_transform(documents)

# 打印词汇表
print("Vocabulary: ", vectorizer.get_feature_names_out())

# 打印 TF-IDF 矩阵
print("TF-IDF Matrix: ")
print(X.toarray())
```

代码 6-15 输出结果如下：

```
Vocabulary:  ['and' 'document' 'first' 'is' 'one' 'second' 'the' 'third' 'this']
TF-IDF Matrix:
[[0. 0.46979139 0.58028582 0.38408524 0. 0.
  0.38408524 0. 0.38408524]
 [0. 0.6876236  0. 0.28108867 0. 0.53864762
  0.28108867 0. 0.28108867]
 [0.51184851 0. 0. 0.26710379 0.51184851 0.
  0.26710379 0.51184851 0.26710379]
 [0. 0.46979139 0.58028582 0.38408524 0. 0.
  0.38408524 0. 0.38408524]]
```

在代码 6-15 中，我们将示例文档表示为 TF-IDF 矩阵的形式。TF-IDF 矩阵将每个文档表示为一个向量，其中每个元素表示对应单词的 TF-IDF 权重。

6.4.3　Hot编码

Hot 编码（One-Hot Encoding）是一种常用的文档向量化方法，用于将文档中的单词转换为向量的形式。在 Hot 编码中，每个单词都被表示为一个向量，向量的长度等于词汇表中的单词数，其中只有对应单词的索引位置为 1，其余位置为 0。这种表示方法将文档转换为固定长度的向量，可以作为输入，用于各种机器学习算法和深度学习模型。

当然，Hot 编码也有很明显的优缺点。

1. 优点

- 固定长度表示：Hot 编码将文档表示为固定长度的向量，适合于需要固定输入大小的机器学习算法和深度学习模型。
- 简单直观：Hot 编码的表示方法简单直观，易于理解和实现。
- 不丢失信息：Hot 编码保留了每个单词的信息，没有发生信息丢失。

2. 缺点

- 向量稀疏性：对于大型词汇表，由于每个单词的向量长度等于词汇表的大小，导致向量非常稀疏，存在大量的零元素，增加了存储和计算的开销。
- 无法反映单词重要性：Hot 编码中的向量元素只表示单词存在与否，无法反映单词的重要性和语义信息。
- 维度灾难：随着词汇表的增大，Hot 编码的向量维度也会增加，导致出现维度灾难问题，使模型训练和计算变得困难。

代码 6-16 是一段使用 Python 编写的示例代码，演示了如何使用 Hot 编码将文档中的单词转换为向量的形式。

代码 6-16

```
import numpy as np

# 示例文档
document = "This is a sample document for hot encoding demonstration"

# 构建词汇表
vocab = set(document.split())
word_to_index = {word: i for i, word in enumerate(vocab)}

# Hot 编码函数
def one_hot_encoding(document, word_to_index):
    # 初始化全零向量
    one_hot_vector = np.zeros(len(word_to_index))

    # 对文档中出现的单词进行 Hot 编码
    for word in document.split():
        if word in word_to_index:
```

```
                one_hot_vector[word_to_index[word]] = 1
        return one_hot_vector

# 对示例文档进行 Hot 编码
encoded_vector = one_hot_encoding(document, word_to_index)

# 打印 Hot 编码向量
print("Hot Encoded Vector:")
print(encoded_vector)
```

代码 6-16 输出结果如下：

```
Hot Encoded Vector:
[1. 1. 1. 1. 1. 1. 1. 1. 1.]
```

在代码 6-16 中，我们可以将示例文档中的单词使用 Hot 编码表示为一个向量。每个单词在词汇表中对应一个位置，如果文档中出现了该单词，则编码所得向量对应索引位置的值为 1，否则为 0。

6.4.4 哈希编码

哈希编码（Hash Encoding）是一种文档向量化方法，用于将文档中的单词转换为向量的形式。在哈希编码中，每个单词被映射为一个唯一的哈希值，该哈希值作为单词的表示。哈希编码的向量长度是一个超参数，通常由用户指定，根据实际情况进行调整。

当然，哈希编码也有很明显的优缺点。

1. 优点

- 降低向量稀疏性：哈希编码将单词映射为唯一的哈希值，相比其他文档向量化方法，可以降低向量的稀疏性，减少存储和计算的开销。
- 计算量较小：哈希编码的计算量较小，因为只需计算单词的哈希值即可，不需要额外的存储空间。
- 具有一定的灵活性：哈希编码的向量长度是一个超参数，可以根据实际情况进行调整，具有一定的灵活性。

2. 缺点

- 哈希冲突：哈希编码可能产生哈希冲突，即不同的单词可能映射为相同的哈希值，导致信息丢失。
- 无法反映单词的重要性：哈希编码只是将单词映射为唯一的哈希值，无法反映单词的重要性和语义信息。
- 超参数选择困难：哈希编码的向量长度是一个超参数，选择合适的长度可能需要一定的经验和实验验证。

代码 6-17 是一段使用 Python 编写的示例代码，演示了如何使用哈希编码将文档中的单词转换为向量的形式。

代码 6-17

```python
import numpy as np

# 示例文档
document = "This is a sample document for hash encoding demonstration"

# 构建词汇表
vocab = set(document.split())
word_to_hash = {word: hash(word) for word in vocab}

# 哈希编码函数
def hash_encoding(document, word_to_hash, vector_length):
    # 初始化全零向量
    hash_vector = np.zeros(vector_length)
    # 对文档中出现的单词进行哈希编码
    for word in document.split():
        if word in word_to_hash:
        hash_index = abs(word_to_hash[word]) % vector_length
        hash_vector[hash_index] = 1
    return hash_vector

# 定义向量长度
vector_length = 10

# 对示例文档进行哈希编码
encoded_vector = hash_encoding(document, word_to_hash, vector_length)

# 打印哈希编码向量
print("Hash Encoded Vector:")
print(encoded_vector)
```

代码 6-17 输出结果如下：

```
Hash Encoded Vector:
[0. 1. 1. 0. 1. 1. 1. 0. 0. 1.]
```

在代码 6-17 中，我们将示例文档中的单词使用哈希编码表示为一个向量。对于每个单词，我们计算其哈希值，并将其映射到向量的某个位置上。如果文档中出现了该单词，向量对应位置的值为 1，否则为 0。

6.5　基于词嵌入模型的文档向量化方法

6.5.1　Word2Vec

Word2Vec 是一种用于生成词向量的模型，其目标是将单词映射到低维向量空间中，使具有相似语义的单词在向量空间中彼此靠近。Word2Vec 模型通过学习文本语料库中单词之间的关系来构建向量表示，从而可以捕捉到单词的语义信息。

Word2Vec 模型有两种主要的架构：连续词袋模型（CBOW）和跳字模型（Skip-Gram）。CBOW 模型的目标是根据上下文预测中心单词，而 Skip-Gram 模型的目标是根据中心单词预测上下文。这两种模型都是基于神经网络的模型，在训练过程中通过反向传播算法来更新模型参数，从而使模型能够更好地拟合语料库中的数据。

接下来，我们分析一下 Word2Vec 的优缺点，从而更好地在实际项目中使用它。

1. 优点

- 丰富的语义信息：Word2Vec 模型可以捕捉到单词的语义信息，使具有相似语义的单词在向量空间中彼此靠近，从而可以更好地理解和处理自然语言文本。
- 高效的计算：Word2Vec 模型使用了神经网络的方法，在训练过程中可以利用 GPU 等硬件加速工具，从而实现高效的计算。
- 向量空间的稠密表示：Word2Vec 生成的词向量通常是稠密的，因为它们位于一个连续的向量空间中，而不像 Hot 编码生成的词向量那样是稀疏的。

2. 缺点

- 需要大量的训练数据：Word2Vec 模型需要大量的文本语料来训练，才能得到高质量的词向量表示。如果训练数据过少，可能导致模型欠拟合。
- 对低频词处理不足：对于出现频率较低的词汇，Word2Vec 模型可能无法很好地学习到其向量表示，从而导致低频词的向量质量较差。
- 无法处理词序信息：Word2Vec 模型忽略了单词在句子或文档中的顺序信息，因此在某些应用场景下可能无法很好地表达文本的语义信息。

代码 6-18 是一段使用 Python 编写的示例代码，演示了使用 gensim 库训练 Word2Vec 模型，并将单词向量聚合成文档向量的过程。

代码 6-18

```
from gensim.models import Word2Vec
import numpy as np

# 示例文本语料库
corpus = [
    ["this", "is", "a", "sample", "sentence"],
    ["word2vec", "is", "a", "popular", "word", "embedding", "technique"],
    ["it", "maps", "words", "to", "low-dimensional", "vectors"]
```

```
    ]

    # 训练 Word2Vec 模型
    model = Word2Vec(sentences=corpus, vector_size=10, window=5, min_count=1, workers=4)

    # 将单词向量聚合成文档向量的方法（平均池化法）
    def average_pooling(doc_tokens, model):
        word_vectors = []
        for token in doc_tokens:
            if token in model.wv.key_to_index:
                word_vectors.append(model.wv[token])
        if len(word_vectors) > 0:
            doc_vector = np.mean(word_vectors, axis=0)
        else:
            doc_vector = np.zeros(model.vector_size)
        return doc_vector

    # 示例文档
    document = ["word2vec", "is", "a", "technique"]

    # 计算文档向量
    doc_vector = average_pooling(document, model)

    # 打印文档向量
    print("Document Vector:")
    print(doc_vector)
```

6

代码 6-18 输出结果如下：

```
Document Vector:
[ 0.02084024 −0.00747377  0.03589224  0.03189454 −0.03275398 −0.01039897
  0.02622871  0.0239125  −0.04536869  0.00074206]
```

在代码 6-18 中，我们使用 gensim 库训练 Word2Vec 模型，并将单词向量聚合成文档向量。首先，定义了一个示例的文本语料库。然后，使用该语料库训练了一个 Word2Vec 模型。接着，定义了一个将单词向量聚合成文档向量的方法（平均池化法）。最后，计算了示例文档的文档向量并进行了打印。

6.5.2 fastText

fastText 是一种基于子词的词嵌入模型，由 Facebook 于 2016 年提出。与传统的 Word2Vec 模型不同，fastText 不仅将单词视为基本单位，还将单词分解成子词（n-grams），并为每个子词生成向量表示。这种方法使 fastText 能够更好地处理未登录词（Out-of-Vocabulary，OOV），因为它可以通过子词来推断未知单词的向量表示。

fastText 的主要作用是将文本中的单词映射到低维向量空间中，使具有相似语义的单词在向量空间中彼此靠近。通过学习文本语料库中的单词及其上下文之间的关系，fastText 可以生成高质量的词向量表示，这些表示可以用于各种自然语言处理任务，如文本分类、情感分析、命名实体识别等。

接下来，我们分析一下 fastText 的优缺点，从而更好地在实际项目中使用它。

1. 优点

- 处理未登录词的能力强：fastText 通过子词来表示单词，因此能够更好地处理未登录词，使模型在面对新领域或稀有词汇时表现更加稳健。
- 小型数据集效果好：fastText 对小型数据集的效果通常较好，因为它可以从少量样本中学习到更多有用的信息。
- 速度快：fastText 的训练速度通常比传统的词嵌入模型快，这得益于其使用了层次 Softmax 和哈希技巧来加速训练过程。

2. 缺点

- 无法处理词序信息：与 Word2Vec 类似，fastText 也忽略了单词在句子或文档中的顺序信息，因此在某些应用场景下可能无法很好地表达文本的语义信息。
- 对长词效果差：fastText 将单词分解成子词，对于长词或复合词来说，子词的组合可能无法很好地捕捉到整个单词的语义信息。
- 内存占用较大：fastText 模型的内存占用较大，特别是在处理大型词汇表时，需要消耗大量的内存资源。

代码 6-19 是一段使用 Python 编写的示例代码，演示了使用 gensim 库训练 fastText 模型，并将单词向量聚合成文档向量的过程。

代码 6-19

```
from gensim.models import FastText
import numpy as np

# 示例文本语料库
corpus = [
    ["this", "is", "a", "sample", "sentence"],
    ["fasttext", "is", "a", "word", "embedding", "technique"],
    ["it", "breaks", "words", "into", "subwords"]
]

# 训练 fastText 模型
model = FastText(sentences=corpus, vector_size=100, window=5, min_count=1, workers=4)

# 将单词向量聚合成文档向量的方法（平均池化法）
def average_pooling(doc_tokens, model):
    word_vectors = []
    for token in doc_tokens:
```

```
            word_vectors.append(model.wv[token])
        if len(word_vectors) > 0:
            doc_vector = np.mean(word_vectors, axis=0)
        else:
            doc_vector = np.zeros(model.vector_size)
        return doc_vector

# 示例文档
document = ["fasttext", "is", "a", "technique"]

# 计算文档向量
doc_vector = average_pooling(document, model)

# 打印文档向量
print("Document Vector:")
print(doc_vector)
```

代码 6-19 输出结果如下：

```
Document Vector:
[−0.0028798  −0.01845161 −0.01172864  0.020685  −0.01618991 −0.01745646
  0.01139991  0.01166113 −0.02856444 −0.01660283]
```

在代码 6-19 中，我们使用 gensim 库训练 fastText 模型，并将单词向量聚合成文档向量。首先，定义了一个示例的文本语料库。然后，使用该语料库训练了一个fastText 模型。接着，定义了一个将单词向量聚合成文档向量的方法（平均池化法）。最后，计算了示例文档的文档向量并进行了打印。

6.5.3 Doc2Vec

Doc2Vec 是一种用于生成文档向量的模型，它是对 Word2Vec 的扩展，可以将整个文档映射到低维向量空间中，使具有相似语义的文档在向量空间中彼此靠近。与Word2Vec 类似，Doc2Vec 也有两种模型架构：分布式内存模型（Distributed Memory Model，DMM）和分布式词袋模型（Distributed Bag of Words Model，DBOW）。

DMM 模型除了学习单词的向量表示，还会为每个文档学习一个额外的文档向量，该文档向量在预测单词时也会被考虑进去。而 DBOW 模型会忽略单词的上下文信息，仅仅通过文档向量来预测单词。

Doc2Vec 的主要作用是将文档表示为低维稠密向量，使文档可以作为输入，用于各种自然语言处理任务，如文本分类、情感分析、相似文档检索等。

接下来，我们分析一下 Doc2Vec 的优缺点，从而更好地在实际项目中使用它。

1. 优点

■ 能够捕捉文档语义信息：Doc2Vec 可以将整个文档映射到向量空间中，使文档的语义信息得以保留，这对于一些需要理解整个文档语境的任务非常有用。

- 对未登录词的处理能力较强：与 fastText 类似，Doc2Vec 也能够较好地处理未登录词，因为它可以通过单词的上下文信息来推断文档向量。
- 可用于相似文档检索：生成的文档向量可以用于计算文档之间的相似度，从而实现相似文档的检索。

2. 缺点

- 需要大量文档数据进行训练：与其他深度学习模型类似，Doc2Vec 需要大量的文档数据进行训练，否则可能无法学到有效的文档表示。
- 训练时间较长：训练 Doc2Vec 模型通常需要较长的时间，特别是在处理大规模语料库时，需要消耗大量的计算资源。
- 模型参数较多：Doc2Vec 模型中有多个超参数需要调节，如向量维度、窗口大小、学习率等，调参较为烦琐。

代码 6-20 是一段使用 Python 编写的示例代码，演示了使用 gensim 库训练 Doc2Vec 模型，并使用训练好的模型生成文档向量的过程。

代码 6-20

```python
from gensim.models import Doc2Vec
from gensim.models.doc2vec import TaggedDocument
from nltk.tokenize import word_tokenize

# 示例文本语料库
corpus = [
    "This is the first document",
    "This document is the second document",
    "And this is the third one",
    "Is this the first document"
]

# 对文档进行分词和标记
tagged_data = [TaggedDocument(words=word_tokenize(doc.lower()), tags=[str(i)]) for i, doc in enumerate(corpus)]

# 训练 Doc2Vec 模型
model = Doc2Vec(vector_size=100, window=2, min_count=1, workers=4, epochs=20)
model.build_vocab(tagged_data)
model.train(tagged_data, total_examples=model.corpus_count, epochs=model.epochs)

# 获取文档向量
doc_vector = model.docvecs['0'] # 获取第一个文档的向量表示

# 打印文档向量
print("Document Vector:")
print(doc_vector)
```

代码 6-20 输出结果如下：

```
Document Vector:
[−0.05216706 −0.05939545 −0.09953865  0.08557639  0.03578351  0.00219118
 −0.09916392 −0.05215982 −0.09770849  0.01976062]
```

在代码 6-20 中，我们使用 gensim 库训练 Doc2Vec 模型，并使用训练好的模型生成文档向量。首先，定义了一个示例的文本语料库，并对每个文档进行了分词和标记。然后，使用 TaggedDocument 将文档转换为模型可接受的输入格式。接着，定义了 Doc2Vec 模型的超参数，并进行了模型训练。最后，通过访问 model.docvecs 来获取文档向量，并进行打印。

6.6 基于预训练模型的文档向量化方法

6.6.1 BERT文档向量化

BERT 是一种基于 Transformer 架构的预训练语言模型，它通过对大规模文本数据进行预训练，学习到丰富的语言表示。BERT 文档向量化指的是利用已经训练好的 BERT 模型，将文档映射为高质量的固定长度向量表示的过程。

BERT 文档向量化的主要作用是将文档转换为密集的、高维度的向量表示，以便于后续的文本处理任务，如文本分类、文档相似度计算、信息检索等。通过将文档映射到向量空间中，我们可以利用向量之间的距离或相似度来度量文档之间的语义关系，从而完成各种自然语言处理任务。

BERT 文档向量化主要有以下 4 种方法。

（1）CLS 向量法：在 BERT 模型的预训练过程中，每个句子的开头会添加一个特殊的 [CLS] 标记，该标记对应的输出向量被认为是整个句子的语义表示。因此，对于一个文档，可以取其第一个 token 的输出作为文档向量。

（2）平均池化法：对于一个文档中的所有 token 的输出向量，取平均值作为文档向量。

（3）最大池化（Max-Pooling）法：对于一个文档中的所有 token 的输出向量，取每个维度上的最大值，形成一个新的向量作为文档向量。

（4）注意力池化（Attention-Pooling）法：使用注意力机制，根据每个 token 的权重对输出向量进行加权求和，得到文档向量。

接下来，我们来分析 BERT 文档向量化的优缺点。

1. 优点

- 语义信息丰富：BERT 模型在大规模语料上进行预训练，学习到丰富的语言表示，因此生成的文档向量能够更好地捕捉文档的语义信息。
- 适用性广泛：BERT 文档向量化可以应用于各种自然语言处理任务，如文本分类、命名实体识别、情感分析等。

■ 无须额外训练：由于 BERT 是基于大规模语料进行预训练的，因此在进行文档向量化时无须再进行额外的模型训练，可以直接使用已经预训练好的模型。

2. 缺点

■ 计算资源消耗较大：BERT 模型的参数量较大，进行文档向量化时需要较多的计算资源，尤其是在大规模文档数据上进行处理时。

■ 模型体积较大：预训练的 BERT 模型文件较大，可能会占用较大的存储空间。

■ 输入序列长度受限：使用 BERT 进行文档向量化时，需要注意输入序列的长度限制，较长的文档可能需要进行截断或分段处理，这可能会损失一部分信息。

代码 6-21 是使用 Hugging Face 的 Transformers 库对文档进行 BERT 向量化的示例代码。

代码 6-21

```python
from transformers import BertTokenizer, BertModel
import torch

# 加载预训练的 BERT 模型和分词器
tokenizer = BertTokenizer.from_pretrained('bert-base-uncased')
model = BertModel.from_pretrained('bert-base-uncased')

# 示例文本
text = "Here is the sample text we want to encode into a document vector."

# 文本分词和编码
input_ids = tokenizer.encode(text, add_special_tokens=True, max_length=512, truncation=True, return_tensors='pt')

# 获取模型输出
with torch.no_grad():
    outputs = model(input_ids)

# 提取 CLS 向量作为文档向量
document_vector = outputs.last_hidden_state[:, 0, :].squeeze().numpy()

# 打印文档向量
print("Document Vector:")
print(document_vector)
```

代码 6-21 输出结果如下：

```
Document Vector:
[-1.76062405e-01 -5.04263818e-01 -2.09112503e-02 -3.03845108e-01
 -1.87089145e-01 -6.95387304e-01 -1.83411390e-01 6.41427577e-01
  2.39124119e-01 2.38266289e-01 2.05710486e-01 -3.16302001e-01
```

```
....
....
−4.46931601e−01 −5.26761591e−01  7.07269907e−02 −1.25421330e−01
−1.56290367e−01 −1.81235522e−01 −3.83495301e−01  3.28664422e−01
−2.40326419e−01 −4.65800613e−01  2.82741964e−01  7.01858521e−01]
```

在代码 6-21 中，我们首先使用 Hugging Face 的 Transformers 库加载了预训练的 BERT 模型和分词器。然后，将待向量化的文本进行分词和编码，获取了要输入 BERT 模型的 input_ids。接着，将 input_ids 输入 BERT 模型，得到了模型的输出。最后，提取了输出中的 [CLS] 向量作为文档向量，并打印输出。

6.6.2 GPT文档向量化

GPT 是一种基于 Transformer 架构的预训练语言模型，它能够生成高质量的文档向量表示。GPT 文档向量化指的是利用已经预训练好的 GPT 模型，将文档映射为固定长度的向量表示的过程。

GPT 文档向量化的主要作用是将文档转换为密集的、高维度的向量表示，以便于进行后续的文本处理任务。这些任务包括文本分类、情感分析、问答系统等。通过文档向量化，我们可以将文档表示为计算机可理解和处理的形式，从而执行各种自然语言处理任务。

GPT 文档向量化主要使用以下 3 种方法。

（1）平均池化法：对于一个文档中的所有 token 的输出向量，取平均值作为文档向量。

（2）最大池化法：对于一个文档中的所有 token 的输出向量，取每个维度上的最大值，形成一个新的向量作为文档向量。

（3）注意力池化法：使用注意力机制，根据每个 token 的权重对输出向量进行加权求和，得到文档向量。

接下来，我们来分析 GPT 文档向量化的优缺点。

1. 优点

■ 语义信息丰富：GPT 模型在大规模语料上进行预训练，学习到丰富的语言表示，因此生成的文档向量能够更好地捕捉文档的语义信息。

■ 适用性广泛：GPT 文档向量化可以应用于各种自然语言处理任务，如文本分类、命名实体识别、情感分析等。

■ 无须额外训练：由于 GPT 是基于大规模语料进行预训练的，因此在进行文档向量化时无须再进行额外的模型训练，可以直接使用已经预训练好的模型。

2. 缺点

■ 计算资源消耗较大：GPT 模型的参数量较大，进行文档向量化时需要较多的计算资源，尤其是在大规模文档数据上进行处理时。

■ 模型体积较大：预训练的 GPT 模型文件较大，可能会占用较大的存储空间。

■ 输入序列长度受限：使用 GPT 进行文档向量化时，需要注意输入序列的长度限制，较长的文档可能需要进行截断或分段处理，这可能会损失一部分信息。

代码 6-22 是使用 Hugging Face 的 Transformers 库对文档进行 GPT 向量化的示例代码。

代码 6-22

```python
from transformers import GPT2Tokenizer, GPT2Model
import torch

# 加载预训练的 GPT 模型和分词器
tokenizer = GPT2Tokenizer.from_pretrained('gpt2')
model = GPT2Model.from_pretrained('gpt2')

# 示例文本
text = "Here is the sample text we want to encode into a document vector."

# 文本分词和编码
input_ids = tokenizer.encode(text, add_special_tokens=True, max_length=512, truncation=True, return_tensors='pt')

# 获取模型输出
with torch.no_grad():
    outputs = model(input_ids)

# 提取输出向量的平均值作为文档向量
document_vector = torch.mean(outputs.last_hidden_state, dim=1).squeeze().numpy()

# 打印文档向量
print("Document Vector:")
print(document_vector[:10])
```

代码 6-22 输出结果如下：

```
Document Vector:
[-0.09236657 -0.15046144 -0.590858  0.2029736 -0.07540227 -0.00892515
  2.5818093  0.09044343 -0.04295459 -0.32183626]
```

在代码 6-22 中，我们首先使用 Hugging Face 的 Transformers 库加载了预训练的 GPT 模型和分词器。然后，将待向量化的文本进行分词和编码，获取了要输入 GPT 模型的 input_ids。接着，将 input_ids 输入 GPT 模型，得到了模型的输出。最后，提取模型输出向量的平均值作为文档向量，并打印输出。

第 7 章

RAG 向量检索技术

7.1　向量检索技术的定义和应用场景

7.1.1　向量检索技术的定义

向量检索技术是一种基于向量表示的信息检索方法，它利用向量空间模型来表示文档、查询和检索结果，并通过计算向量之间的相似度来实现文档的检索和排序。在向量检索技术中，文档和查询通常被映射到高维向量空间中的点，每个维度对应一个特征或属性。这些向量可以是基于词频、TF-IDF 权重、词嵌入等方式构建的，它们捕捉了文档和查询的语义和语境信息。

向量检索技术的核心思想是通过计算向量之间的距离或相似度来度量它们之间的相似程度，进而实现相关文档的检索。常用的距离或相似度度量方法包括欧式距离、余弦相似度、汉明距离等。基于这些相似度度量，可以使用各种算法和数据结构来高效地搜索文档，如基于距离计算的方法、基于树的方法、基于图的方法和基于哈希的方法等。

向量检索技术在信息检索、文本相似度计算、推荐系统、聚类分析等领域都有广泛的应用。它能够快速有效地处理大规模的文本数据，为用户提供准确的检索结果和个性化的推荐服务。同时，随着深度学习和神经网络技术的发展，基于神经网络的向量表示模型也逐渐成为向量检索技术的主流，如基于预训练模型的文档向量化方法和基于神经网络的检索算法等。

代码 7-1 是一个简单示例，演示如何使用 Python 中的 gensim 库进行向量检索。

代码 7-1

```
# 导入必要的库
from gensim import corpora
from gensim.models import TfidfModel
from gensim.similarities import MatrixSimilarity

# 假设我们有一组文档
documents = ["This is the first document",
             "This document is the second document",
             "And this is the third one",
             "Is this the first document"]
```

```
# 将文档转换为词袋表示
texts = [[word for word in document.lower().split()] for document in documents]

# 构建词典
dictionary = corpora.Dictionary(texts)

# 构建语料库
corpus = [dictionary.doc2bow(text) for text in texts]

# 计算 TF-IDF 权重
tfidf = TfidfModel(corpus)

# 构建索引
index = MatrixSimilarity(tfidf[corpus])

# 查询
query = "first document"
query_bow = dictionary.doc2bow(query.lower().split())
query_tfidf = tfidf[query_bow]

# 获取相似度
sims = index[query_tfidf]

# 输出相似度排名
for document_number, score in sorted(enumerate(sims), key=lambda x: x[1], reverse=True):
    print(f"Document {document_number + 1}: {score}")
```

代码 7-1 输出结果如下：

```
Document 1: 1.0
Document 4: 1.0
Document 2: 0.1469440907239914
Document 3: 0.0
```

在代码 7-1 中，我们首先准备了一组简单的文档，然后使用 gensim 库将其转换为词袋表示，并计算了 TF-IDF 权重。接着，我们构建了一个基于 TF-IDF 权重的相似性索引，并通过查询来获取相似度排名。

7.1.2　向量检索技术的应用场景

向量检索技术在各个领域都有广泛的应用，其灵活性和高效性使其成为许多信息检索和相似度匹配问题的首选方法。以下是向量检索技术在不同领域的应用场景的一些示例。

1. 搜索引擎

搜索引擎是向量检索技术最典型的应用场景之一。当用户输入查询时，搜索引擎会将查询文本转换为向量表示，并在预先构建的索引中搜索最相似的文档向量。基于相似度的排名算法将相关性最高的文档返回给用户。向量检索技术使搜索引擎能够高效地处理大规模的文档集合，并提供准确的搜索结果。

2. 推荐系统

推荐系统利用向量检索技术来提供个性化的推荐服务。用户的历史行为数据（如点击、购买、评分等）可以被表示为向量，而物品（如商品、音乐、视频等）也可以被表示为向量。通过计算用户向量与物品向量之间的相似度，推荐系统可以向用户推荐他们可能感兴趣的物品。这种个性化的推荐有助于提高用户体验并增加销售额。

3. 文本相似度计算

在自然语言处理领域，向量检索技术被广泛用于计算文本之间的相似度。例如，文档的词嵌入向量可以用于表示文本，而余弦相似度等度量方法可以用于计算文本之间的语义相似度。这种技术可以应用于文本匹配、摘要生成、语义搜索等任务。

4. 图像检索

除了文本数据的检索，向量检索技术还可以应用于图像检索领域。通过将图像转换为向量表示，可以计算图像之间的相似度并找到最相似的图像。这种技术在图像搜索引擎、图像分类和标注、图像相似度比较等方面具有重要的应用价值。

5. 音频检索

类似于图像检索，向量检索技术也可以用于音频检索领域。通过将音频文件转换为向量表示，并计算向量之间的相似度，可以实现音频内容的搜索和匹配。这在音乐推荐、语音识别、音频相似度比较等方面具有重要的应用价值。

6. 社交媒体分析

在社交媒体领域，向量检索技术可以用于分析用户生成的内容，发现话题、趋势和关键词，并识别相关的用户或内容。这有助于社交媒体平台提供个性化的内容推荐、事件跟踪和舆情分析等功能。

以上是向量检索技术在各个领域的应用场景的一些示例。接下来，我们将通过一段示例代码演示如何使用 gensim 库进行向量检索，如代码 7-2 所示。

代码 7-2

```
from gensim import corpora, models, similarities

# 示例文档集合
documents = [
    "Human machine interface for lab abc computer applications",
    "A survey of user opinion of computer system response time",
    "The EPS user interface management system",
    "System and human system engineering testing of EPS",
    "Relation of user perceived response time to error measurement",
```

```
        "The generation of random binary unordered trees",
        "The intersection graph of paths in trees",
        "Graph minors IV Widths of trees and well quasi ordering",
        "Graph minors A survey",
]

# 文本预处理，转换为词袋表示
texts = [[word for word in document.lower().split()] for document in documents]

# 构建词典
dictionary = corpora.Dictionary(texts)

# 构建语料库
corpus = [dictionary.doc2bow(text) for text in texts]

# 训练 TF-IDF 模型
tfidf = models.TfidfModel(corpus)

# 转换文档为 TF-IDF 矩阵
corpus_tfidf = tfidf[corpus]

# 构建索引
index = similarities.MatrixSimilarity(corpus_tfidf)

# 查询示例
query = "human computer interaction"
query_bow = dictionary.doc2bow(query.lower().split())
query_tfidf = tfidf[query_bow]

# 计算相似度
sims = index[query_tfidf]

# 输出结果
for document_number, score in sorted(enumerate(sims), key=lambda x: x[1], reverse=True):
    print(f"Document {document_number + 1}: {score}")
```

代码 7-2 输出结果如下：

```
Document 1: 0.3824945390224457
Document 2: 0.2426528036594391
Document 4: 0.2297196388244629
Document 3: 0.0
Document 5: 0.0
Document 6: 0.0
Document 7: 0.0
Document 8: 0.0
Document 9: 0.0
```

在代码 7-2 中，我们首先准备了一个简单的文档集合，然后使用 gensim 库将其转换为词袋表示，并训练了一个 TF-IDF 模型。接着，我们利用 TF-IDF 权重构建了一个相似性索引，并通过查询来获取相似度排名。下面我们来详细分解每一个代码逻辑。

1. 准备数据

准备一个简单的文档集合作为示例数据，如代码 7-3 所示。

```
代码 7-3

documents = [
    "Human machine interface for lab abc computer applications",
    "A survey of user opinion of computer system response time",
    "The EPS user interface management system",
    "System and human system engineering testing of EPS",
    "Relation of user perceived response time to error measurement",
    "The generation of random binary unordered trees",
    "The intersection graph of paths in trees",
    "Graph minors IV Widths of trees and well quasi ordering",
    "Graph minors A survey",
]
```

2. 文本预处理和向量表示

对文档进行预处理，并将其表示为向量。可以使用 gensim 中的 Dictionary 类来构建词典，然后将文档转换为词袋表示，如代码 7-4 所示。

```
代码 7-4

from gensim import corpora

# 文本预处理，转换为词袋表示
texts = [[word for word in document.lower().split()] for document in documents]

# 构建词典
dictionary = corpora.Dictionary(texts)

# 构建语料库
corpus = [dictionary.doc2bow(text) for text in texts]
```

3. 计算文档相似度

有了向量表示后，就可以计算文档之间的相似度了。这里我们使用 TF-IDF 权重来表示文档向量，并计算余弦相似度，如代码 7-5 所示。

```
代码 7-5

from gensim import models, similarities
```

```
# 训练 TF-IDF 模型
tfidf = models.TfidfModel(corpus)

# 转换文档为 TF-IDF 矩阵
corpus_tfidf = tfidf[corpus]

# 构建相似性索引
index = similarities.MatrixSimilarity(corpus_tfidf)

# 查询示例
query = "human computer interaction"
query_bow = dictionary.doc2bow(query.lower().split())
query_tfidf = tfidf[query_bow]

# 计算相似度
sims = index[query_tfidf]

# 输出结果
for document_number, score in sorted(enumerate(sims), key=lambda x: x[1], reverse=True):
    print(f"Document {document_number + 1}: {score}")
```

通过这个例子，我们可以更好地理解向量检索技术的基本原理和方法，以及如何使用 gensim 库进行实现。

7.2 向量间距离的计算

7.2.1 内积距离

内积距离是一种向量相似度度量方法，也称为余弦相似度。它衡量了两个向量之间的夹角余弦值，取值范围为 [-1, 1]，表示向量之间的相似程度。内积距离越接近 1，表示两个向量越相似；越接近 -1，表示两个向量越不相似；接近 0，表示两个向量之间无相关性。

内积距离的计算公式如式（7-1）所示。

$$\text{cosine similarity} = \frac{A \cdot B}{\|A\| \|B\|} \tag{7-1}$$

其中，A 和 B 是两个向量，· 表示向量的点积（即内积），$\|A\|$ 和 $\|B\|$ 分别表示两个向量的范数。

内积距离的计算分为以下步骤。

（1）计算向量的点积：将两个向量对应位置的元素相乘，并将乘积相加。

（2）计算向量的范数：分别计算两个向量的范数（即向量的长度）。

（3）将点积除以这两个向量范数的乘积，得到夹角余弦值，即内积距离。

内积距离在向量检索中被广泛应用，特别是在自然语言处理、信息检索、推荐系统等领域。在这些应用中，文本、图像、音频等数据通常被表示为向量，内积距离用于度量它们之间的相似度，从而实现相关文档、相似图片或相似音频的检索、推荐等。

代码 7-6 是一个简单的 Python 代码示例，演示了如何使用 NumPy 库计算两个向量之间的内积距离。

代码 7-6

```python
import numpy as np

# 定义两个向量
A = np.array([1, 2, 3])
B = np.array([4, 5, 6])

# 计算向量的内积
dot_product = np.dot(A, B)

# 计算向量的范数
norm_A = np.linalg.norm(A)
norm_B = np.linalg.norm(B)

# 计算余弦相似度
cosine_similarity = dot_product / (norm_A * norm_B)

print(" 向量 A： ", A)
print(" 向量 B： ", B)
print(" 内积： ", dot_product)
print(" 向量 A 的范数： ", norm_A)
print(" 向量 B 的范数： ", norm_B)
print(" 余弦相似度（内积距离）： ", cosine_similarity)
```

代码 7-6 输出结果如下：

```
向量 A：[1 2 3]
向量 B：[4 5 6]
内积：32
向量 A 的范数：3.7416573867739413
向量 B 的范数：8.774964387392123
余弦相似度（内积距离）：0.9746318461970762
```

在代码 7-6 这个示例中，我们首先定义了两个向量 A 和 B，然后使用 NumPy 库中的 np.dot 函数计算了它们的点积。接着，我们使用 np.linalg.norm 函数分别计算了两个向量的范数，并用点积的结果除以它们的乘积，得到了余弦相似度，即内积距离。

7.2.2 欧式距离

欧式距离是最常见的距离度量方法之一，也称为欧几里得距离。它衡量了两个点之间的直线距离，即在欧几里得空间中的距离。对于 n 维空间中的点 p 和点 q，它们之间的欧式距离 d 可以通过式（7-2）进行计算。

$$d(p,q) = \sqrt{\sum_{i=1}^{n}(q_i - p_i)^2} \tag{7-2}$$

其中，p_i 和 q_i 分别表示两个点在第 i 个维度上的坐标。

欧式距离的计算方法包括以下步骤：

（1）对于两个 n 维向量，分别计算它们在每个维度上的差值。

（2）对每个维度上的差值求平方。

（3）将所有差值的平方相加。

（4）对上述结果取平方根，即得到欧式距离。

欧式距离常用于向量空间模型（Vector Space Model）中，特别是在聚类、分类、回归等任务中。在向量检索中，欧式距离被用来衡量两个向量之间的相似程度。通常情况下，距离越小，表示两个向量越相似，距离越大，表示两个向量越不相似。

欧式距离在计算机视觉领域也有广泛的应用，例如图像检索、图像相似性比较等任务。在这些任务中，图像通常被表示为高维特征向量，欧式距离用来度量图像之间的相似度，从而实现图像检索或相似图像的识别。

代码 7-7 是一个简单的 Python 代码示例，演示了如何使用 NumPy 库计算两个向量之间的欧式距离。

代码 7-7

```python
import numpy as np

# 定义两个向量
p = np.array([1, 2, 3])
q = np.array([4, 5, 6])

# 计算欧式距离
euclidean_distance = np.sqrt(np.sum((q - p) ** 2))

print(" 向量 p： ", p)
print(" 向量 q： ", q)
print(" 欧式距离： ", euclidean_distance)
```

代码 7-7 输出结果如下：

```
向量 p：[1 2 3]
向量 q：[4 5 6]
欧式距离：5.196152422706632
```

在代码 7-7 这个示例中，我们首先定义了两个 3 维向量 p 和 q，然后使用 NumPy 库中的向量运算计算了它们之间的差值，并对差值平方求和。最后，我们对求和结果取平方根，得到了欧式距离。

7.2.3 汉明距离

汉明距离是一种衡量两个等长字符串之间的差异性的度量方式，通常用于比较两个二进制序列之间的差异。在向量检索技术中，汉明距离也被用于衡量两个向量之间的相似性，特别是在处理稀疏向量或者二值化的向量时。

假设有两个长度相同的二进制串 A 和 B，它们的汉明距离定义为：对应位置不同的比特位的个数。换句话说，汉明距离是将两个二进制串进行逐位比较，统计它们不同比特位的个数。汉明距离的计算方法如式（7-3）所示。

$$d_{\mathrm{H}}(A,B) = \sum_{i=1}^{n}(A_i \oplus B_i) \qquad (7\text{-}3)$$

其中，A_i 和 B_i 分别表示二进制串 A 和 B 的第 i 位，$\oplus$ 表示异或运算，n 是二进制串的长度。

在向量检索中，汉明距离常常用于处理二值化的特征向量或者稀疏向量。例如，在图像检索中，图像通常会被转换成二值化的特征向量，每个比特位代表图像的一个特征；在文档检索中，文档也可以被表示为稀疏向量，其中每个维度代表一个词语，取值为该词语在文档中出现的频次或者 TF-IDF 值。

汉明距离的应用场景包括但不限于以下 3 个场景。

（1）近似最近邻搜索（Approximate Nearest Neighbor Search）：通过计算汉明距离，可以寻找与查询向量最相似的候选向量，从而加速最近邻搜索的过程。

（2）数据去重（Duplicate Detection）：通过计算汉明距离，可以快速识别出重复的数据或者相似的数据，从而进行数据去重或者数据聚类的操作。

（3）错误检测和纠正（Error Detection and Correction）：汉明距离可以用于检测和纠正二进制数据传输中的错误。

代码 7-8 是一个简单的 Python 代码示例，演示了如何使用 NumPy 库计算两个二进制串之间的汉明距离。

代码 7-8

```
import numpy as np

def hamming_distance(bit_string1, bit_string2):
    # 将二进制串转换为数组
    bit_array1 = np.array(list(bit_string1))
    bit_array2 = np.array(list(bit_string2))

    # 计算汉明距离
    distance = np.sum(bit_array1 != bit_array2)
```

```
    return distance

# 定义两个二进制串
bit_string1 = "110010"
bit_string2 = "101101"

# 计算汉明距离
distance = hamming_distance(bit_string1, bit_string2)

print(" 二进制串 1：", bit_string1)
print(" 二进制串 2：", bit_string2)
print(" 汉明距离：", distance)
```

代码 7-8 输出结果如下：

```
二进制串 1：110010
二进制串 2：101101
汉明距离：5
```

在代码 7-8 中，我们定义了两个长度相同的二进制串 bit_string1 和 bit_string2，然后使用 NumPy 库中的向量运算计算了它们之间的汉明距离。

7.2.4 杰卡德距离

杰卡德距离（Jaccard Distance）是一种用于衡量两个集合之间差异性的指标，它定义为两个集合的交集元素与并集元素的比值的补集，如式（7-4）所示。

$$J(A,B) = 1 - \frac{|A \cap B|}{|A \cup B|} \qquad (7\text{-}4)$$

其中，$|A \cap B|$ 表示集合 A 和集合 B 的交集元素个数，$|A \cup B|$ 表示集合 A 和集合 B 的并集元素个数。

对于向量检索技术而言，杰卡德距离也可以用于衡量两个向量之间的相似性，特别是在处理稀疏向量或者集合表示的向量时。在这种情况下，向量中的每个元素表示集合中的一个元素或者特征，取值为 0 或者 1，分别表示元素是否出现在集合中。

杰卡德距离的计算方法如下。

（1）对于两个集合 A 和 B，分别统计它们的交集元素个数 $|A \cap B|$ 和并集元素个数 $|A \cup B|$。

（2）计算杰卡德距离：$J(A,B) = 1 - \dfrac{|A \cap B|}{|A \cup B|}$。

杰卡德距离在向量检索中的应用主要体现在处理文本数据或者其他类型的集合数据时。以下是杰卡德距离在向量检索中的一些典型应用场景。

（1）文本相似度计算：在文本检索或者文本聚类任务中，可以使用杰卡德距离衡量文档之间的相似性。每个文档可以表示为一个词语集合，杰卡德距离可以用于计算两个文档之间的相似度，从而实现文本检索或者文本聚类。

（2）集合相似度分析：在处理集合数据，例如用户喜好的商品集合、社交网络中的好友列表等时，可以使用杰卡德距离分析集合之间的相似度。这对于推荐系统、社交网络分析等应用具有重要意义。

（3）数据去重和数据清洗：杰卡德距离可以用于识别重复数据或者相似数据，从而实现数据去重和数据清洗的操作。这在数据预处理和数据清洗阶段具有重要作用。

杰卡德距离的应用并不局限于以上几个场景，而是可以适用于任何需要衡量集合之间相似度的任务。

代码 7-9 是一个简单的 Python 代码示例，演示了如何使用 NumPy 库计算两个集合的杰卡德距离。

代码 7-9

```python
import numpy as np

def jaccard_distance(set1, set2):
    # 计算交集和并集的元素个数
    intersection = len(set1.intersection(set2))
    union = len(set1.union(set2))

    # 计算杰卡德距离
    distance = 1 – intersection / union

    return distance

# 定义两个集合
set1 = {1, 2, 3, 4, 5}
set2 = {3, 4, 5, 6, 7}

# 计算杰卡德距离
distance = jaccard_distance(set1, set2)

print(" 集合 1：", set1)
print(" 集合 2：", set2)
print(" 杰卡德距离：", distance)
```

代码 7-9 输出结果如下：

```
集合 1：{1, 2, 3, 4, 5}
集合 2：{3, 4, 5, 6, 7}
杰卡德距离：0.5714285714285714
```

在代码 7-9 中，我们定义了两个集合 set1 和 set2，然后使用 Python 的集合操作计算了它们之间的杰卡德距离。

7.3　基于树的方法

7.3.1　KNN算法

KNN（K-Nearest Neighbors，K 最近邻）算法是一种简单而有效的监督学习算法，用于分类和回归问题。该算法的核心思想是基于特征空间中样本的邻近性来进行预测。具体步骤如下。

（1）计算距离：首先，计算待分类样本与训练集中每个样本之间的距离。常用的距离度量包括欧式距离、曼哈顿距离、闵可夫斯基距离等。

（2）选择最近的邻居：根据计算得到的距离，选择与待分类样本最近的 K 个邻居。

（3）确定类别：对于分类问题，根据 K 个邻居的类别，通过多数表决的方式确定待分类样本的类别。对于回归问题，通常是取 K 个邻居的平均值作为待预测样本的输出值。

在 KNN 中，距离度量是决定分类结果的关键。常用的距离度量包括以下 3 种。

（1）欧式距离：两点之间的直线距离。

（2）曼哈顿距离：两点在标准坐标系上的绝对轴距之和，即两点在南北方向上的距离加上在东西方向上的距离，也称"城市街区距离"。

（3）闵可夫斯基距离：欧氏距离和曼哈顿距离的一种更一般化的形式。

KNN 算法在向量检索中的应用主要体现在以下 3 个方面。

（1）最近邻搜索：KNN 算法可以用于搜索与给定查询向量最近的邻居。在信息检索、推荐系统和图像检索等领域，KNN 算法常用于找到与查询向量最相似的文档、商品或图像。

（2）分类问题：KNN 算法可以用于解决分类问题，例如文本分类、图像分类等。KNN 利用训练数据集中的样本特征和标签，对新的样本进行分类。

（3）回归问题：除了分类问题，KNN 算法也可用于回归问题。在回归问题中，KNN 通过找到与待预测样本最近的邻居，利用它们的输出值来预测待预测样本的输出值。

代码 7-10 是一个简单的 Python 代码示例，演示了如何使用 scikit-learn 库以KNN 算法进行分类。

代码 7-10

```
from sklearn.datasets import load_iris
from sklearn.model_selection import train_test_split
```

```
from sklearn.neighbors import KNeighborsClassifier
from sklearn.metrics import accuracy_score

# 加载鸢尾花数据集
iris = load_iris()
X = iris.data
y = iris.target

# 将数据集划分为训练集和测试集
X_train, X_test, y_train, y_test = train_test_split(X, y, test_size=0.2, random_state=42)

# 创建 KNN 分类器
k = 3
knn_classifier = KNeighborsClassifier(n_neighbors=k)

# 在训练集上训练 KNN 分类器
knn_classifier.fit(X_train, y_train)

# 在测试集上进行预测
y_pred = knn_classifier.predict(X_test)

# 计算准确率
accuracy = accuracy_score(y_test, y_pred)
print(" 准确率：", accuracy)
```

代码 7-10 输出结果如下：

```
准确率：1.0
```

在代码 7-10 中，我们首先加载了鸢尾花数据集，然后将数据集划分为训练集和测试集。接下来，我们创建了一个 KNN 分类器，并在训练集上训练它。最后，我们使用测试集进行预测，并计算了分类器的准确率。

7.3.2 KD-树

KD-树（K-Dimensional Tree）是一种二叉树结构，用于对 K 维空间中的点进行分割和组织，以支持高效的最近邻搜索。它在空间划分方面具有很好的特性，适用于许多机器学习和数据挖掘任务。KD-树的构建过程如下。

（1）选择分割维度：从当前节点的数据集中选择一个维度进行分割，通常是选择方差最大的维度，以确保分割后的子空间更加平衡。

（2）选择分割点：在选定的维度上，选择一个合适的分割点将当前数据集分成两个子集。常用的分割点包括中位数等。

（3）递归构建：分割后，将数据集中位于分割点左侧的数据作为左子树的数据集，位于分割点右侧的数据作为右子树的数据集。然后，递归地在左子树和右子树上重复这个过程，直到每个叶子节点只包含一个数据点为止。

KD- 树具有一些很好的性质，比如平衡性，KD- 树在构建过程中尽量保持树的平衡，即使在高维空间中也能够有效地分割数据。而且它能够缩小搜索的空间范围，从而提高最近邻搜索的效率。KD- 树作为一种高效的空间数据结构，在向量检索领域有着广泛的应用，特别是在 K 最近邻搜索问题中。

代码 7-11 是一个简单的 Python 代码示例，演示了如何使用 scikit-learn 库构建和利用 KD- 树进行最近邻搜索。

代码 7-11

```python
from sklearn.neighbors import KDTree
import numpy as np

# 创建一组示例数据
X = np.array([[2, 3], [5, 4], [9, 6], [4, 7], [8, 1], [7, 2]])

# 构建 KD- 树
kdtree = KDTree(X, leaf_size=30)

# 定义查询点
query_point = np.array([[5, 5]])

# 搜索最近邻
distances, indices = kdtree.query(query_point, k=3)

# 输出结果
print(" 最近邻点索引： ", indices)
print(" 最近邻点距离： ", distances)
```

代码 7-11 输出结果如下：

```
最近邻点索引： [[1 3 0]]
最近邻点距离： [[1.        2.23606798 3.60555128]]
```

在代码 7-11 中，我们首先创建了一组示例数据 X，然后使用 KDTree 类构建了 KD- 树。接下来，我们定义了一个查询点 query_point，并利用 KD- 树的 query 方法搜索最近的 3 个邻居。最后，我们输出了搜索结果，包括最近邻点的索引和它们与查询点的距离。

7.3.3 Annoy

Annoy（Approximate Nearest Neighbors Oh Yeah）是一种用于高效近似最近邻搜索的算法和数据结构。它旨在解决大规模数据集下的最近邻搜索问题，并提供了一种快速而有效的近似方法，尤其适用于高维向量空间。Annoy 树的构建过程如下。

（1）选择随机超平面：在构建 Annoy 树的过程中，首先随机选择一个超平面来将数据空间分割成两个子空间。

（2）划分数据：根据选择的超平面，将集中的数据点分别分配到超平面的两侧子空间中。

（3）递归构建：对每个子空间递归地重复上述步骤，直到达到指定的树深度或达到最小子空间中包含的数据点数。

（4）建立叶子节点：当满足停止条件时（如达到最大树深度或最小叶子节点大小），将叶子节点中的数据点存储在 Annoy 树的叶子节点中。

Annoy 主要用于解决大规模数据集下的最近邻搜索问题，在向量检索等领域有着广泛的应用。Annoy 具有很多的优势，使用了随机超平面的方式构建树，在大规模数据集下具有较高的构建和搜索效率。

代码 7-12 是一个简单的 Python 代码示例，演示了如何使用 Annoy 库构建和利用 Annoy 树进行最近邻搜索。

代码 7-12

```python
from annoy import AnnoyIndex

# 创建一个 Annoy 树
dimension = 10  # 向量维度
num_trees = 10  # 树的数量
annoy_index = AnnoyIndex(dimension, 'euclidean')

# 添加示例数据
for i in range(1000):
    vector = [i * 0.1 for i in range(dimension)]
    annoy_index.add_item(i, vector)

# 构建 Annoy 树
annoy_index.build(num_trees)

# 定义查询向量
query_vector = [0.1, 0.2, 0.3, 0.4, 0.5, 0.6, 0.7, 0.8, 0.9, 1.0]

# 搜索最近邻
nearest_neighbors = annoy_index.get_nns_by_vector(query_vector, 5)

# 输出结果
print(" 最近邻索引：", nearest_neighbors)
```

代码 7-12 输出结果如下：

```
最近邻索引：[5, 9, 33, 41, 80]
```

在代码 7-12 中，我们首先创建了一个 Annoy 树，并添加了一组示例数据。然后，我们使用 build 方法构建了 Annoy 树，并定义了一个查询向量 query_vector。接下来，我们使用 get_nns_by_vector 方法搜索最近的 5 个邻居，并输出了搜索结果。

7.4 基于哈希的方法

在向量检索技术中，基于哈希的方法是一种常用的方法，它将高维向量映射到低维空间中，并利用哈希函数将这些向量映射到一个固定大小的哈希表中，以便在检索时快速查找相似向量。这种方法适用于大规模数据集和高维特征空间，能够在保持检索效率的同时，降低存储和计算成本。

局部敏感哈希（Locality-Sensitive Hashing，LSH）是一种常见的基于哈希的检索方法，它的核心思想是将相似的向量映射到相同的哈希桶中，从而实现高效的最近邻搜索。LSH 方法的关键在于设计合适的哈希函数，使相似的向量在哈希空间中有较高的概率被映射到相同的桶中，而不相似的向量则被映射到不同的桶中。

LSH 方法通常包括以下 3 个步骤。

（1）哈希函数的设计：LSH 方法依赖于合适的哈希函数来将高维向量映射到低维空间中的哈希值。常用的哈希函数包括随机哈希、局部敏感哈希族（LSH family）等。

（2）哈希表的构建：根据设计好的哈希函数，将数据集中的向量映射到哈希表中的对应桶中。相似的向量被映射到相同的桶，以便在检索时快速查找。

（3）相似性搜索：给定一个查询向量，利用相同的哈希函数将其映射到哈希表中的相应桶中，并在相应桶中查找相似的向量，以实现最近邻搜索。

LSH 方法适用于大规模数据集和高维特征空间下的最近邻搜索问题，常见的应用场景包括图像检索、文档检索、推荐系统等。LSH 方法具有以下优点。

（1）降低维度：LSH 方法将高维向量映射到低维空间中，有效降低了检索的计算成本和存储开销。

（2）高效的检索：LSH 方法通过哈希函数将相似的向量映射到相同的哈希桶中，在检索时可以快速查找相似的向量，提高了检索效率。

（3）适用于大规模数据集：由于 LSH 方法具有较低的计算和存储成本，因此适用于处理大规模数据集下的最近邻搜索问题。

代码 7-13 是一个简单的 Python 代码示例，演示了如何使用 datasketch 库中的 MinHash 和 MinHashLSH 类来构建和利用 LSH 进行最近邻搜索。

代码 7-13

```
import numpy as np
from datasketch import MinHash, MinHashLSH

# 创建示例数据
X = np.random.rand(1000, 10)
```

```
# 定义 MinHashLSH 参数
num_perm = 128
threshold = 0.5

# 将数据转换为 MinHash 签名
mhs = [MinHash(num_perm=num_perm) for _ in range(len(X))]
for i, x in enumerate(X):
    mhs[i].update(str(hash(tuple(x))).encode('utf-8'))

# 构建 MinHashLSH 索引
lsh = MinHashLSH(threshold=threshold, num_perm=num_perm)
for i, mh in enumerate(mhs):
    lsh.insert(str(i), mh)

# 定义查询向量
query_index = np.random.randint(len(X))
query_vector = X[query_index]
query_mh = mhs[query_index]

# 搜索最近邻
candidates = lsh.query(query_mh)

# 计算距离并按距离排序
distances = []
for i in candidates:
    dist = np.linalg.norm(X[int(i)] - query_vector)
    distances.append((int(i), dist))
distances.sort(key=lambda x: x[1])

# 打印结果
num_neighbors = 5
print(" 最近邻索引：", [d[0] for d in distances[:num_neighbors]])
print(" 对应距离：", [d[1] for d in distances[:num_neighbors]])
```

代码 7-13 输出结果如下：

```
最近邻索引：[792]
对应距离：[0.0]
```

在代码 7-13 中，我们首先生成了一个随机的数据集 X，然后使用 datasketch 库中的 MinHashLSH 类构建了一个 LSH。通过这个示例，可以看出 LSH 方法在最近邻搜索中的简单而高效的应用。

第8章

RAG 中的 Prompt 技术

在人工智能领域中，有一种被称为"Prompt 模式"的输入 - 输出数据格式，用于训练和评估机器学习模型。这种模式通常用于解决训练数据准备的问题，以便机器学习模型的训练和评估。Prompt 模式由一个输入文本和一个输出文本组成，其中输入文本可以是一个问题或指令，而输出文本是模型预测的答案或结果。这种模式可以帮助我们在训练机器学习模型时，减少训练数据的需求量，同时提高模型的泛化性能，使模型输出更加易于理解和解释。

使用 Prompt 模式可以带来许多好处。例如，它可以简化训练数据的准备过程，提高模型的效率和准确率，并提升模型的可解释性和可理解性。它适用于自然语言处理领域中的各种任务，如文本分类、情感分析、问答系统、机器翻译等。此外，它还可以用于其他领域中需要使用自然语言作为输入和输出的任务。

Prompt 模式的结构由一个输入文本和一个输出文本组成，它们被定义为模型的输入和输出。通常，输入文本包括一些关键词或短语，用于指定模型需要执行的任务或操作，而输出文本则是模型的预测结果。这种结构可以帮助我们更好地理解和解释模型的行为和决策过程。

在本章中，我们将探讨 RAG 中的 Prompt 技术。RAG 是一种将信息检索与生成模型相结合的方法，能够在处理文档搜索和问答任务时提供更加精准的结果。而Prompt 技术在 RAG 中的应用，能够进一步提升模型的效果和性能。

首先，我们将介绍 4 种基础的 Prompt 模式，并简要说明它们与 RAG 技术的关系。这些基础模式如下。

（1）特定指令模式（By Specific）：直接提出问题或请求信息。

（2）指令模板模式（Instruction Template）：使用预定义模板引导模型生成回答。

（3）代理模式（By Proxy）：通过模拟角色来引导模型生成回答。

（4）示例模式（By Demonstration）：通过提供示例引导模型生成相似的输出。

接着，我们还将介绍一些高级 Prompt 模式。

（1）零样本提示模式（Zero-shot Prompting）：模型在没有示例的情况下直接生成回答。

（2）少样本提示模式（Few-shot Prompting）：通过提供少量示例引导模型生成回答。

（3）思维链提示模式（Chain-of-Thought Prompting）：通过引导模型逐步思考问题的解决过程，生成回答。

随后，我们会讲解这些模式与 RAG 的结合应用可以如何显著提升模型的生成效果。例如，特定指令可以用于直接提问，指令模板可以帮助模型理解复杂问题的答案结构，而代理模式则有助于模型从检索到的文档中提取相关信息。以下是 7 种 Prompt 模式在 RAG 中的应用。

（1）特定指令模式。在 RAG 中，特定指令模式可以用于直接提出问题，引导模型基于检索到的文档中生成准确的答案。例如，在文档搜索系统中，用户输入的查询可以直接作为特定指令，提示模型进行回答。

（2）指令模板模式。在 RAG 中，通过使用预定义的指令模板，可以帮助模型理解并生成结构化的回答。例如，在文档问答系统中，可以使用模板引导模型生成一致性较高的答案。

（3）代理模式。在 RAG 中，代理模式可以让模型扮演特定角色，例如客服代表或技术支持人员，回答用户的问题。这种模式可以使模型生成更符合特定角色背景的答案。

（4）示例模式。在 RAG 中，通过提供示例，模型可以更好地理解用户的需求，并生成相似格式的回答。例如，在文档问答系统中，可以提供一些标准问答对作为示例，引导模型生成类似的回答。

（5）零样本提示模式。在 RAG 中，零样本提示模式可以使模型在没有任何示例的情况下直接生成回答。这种模式对于处理新的或未见过的问题特别有用。

（6）少样本提示模式。在 RAG 中，通过提供少量的示例，可帮助模型更快地学习并生成相关的回答。这种模式可以显著减少训练数据的需求量，同时提高模型的泛化能力。

（7）思维链提示模式。在 RAG 中，思维链提示模式可以引导模型逐步解决复杂问题。这种模式有助于模型进行多步推理，从而生成更为准确和详细的回答。

通过以上讲解，我们可以看到，基础 Prompt 模式与 RAG 结合应用时，各有其独特之处。接下来的每个小节将详细讨论这些基础模式在 RAG 中的具体应用及其特别之处，帮助读者全面掌握 RAG 中的 Prompt 技术。

8.1 特定指令模式

特定指令模式是一种常用的 Prompt 模式，它可以帮助我们在自然语言处理领域中生成高质量的文本。在特定指令模式下，我们通过提供一些特定信息来指导模型生成与这些信息相关的文本。这些特定信息可以是单个问题、关键词、实体名称、属性值等，具体取决于我们要解决的任务类型。

例如，在问答系统中，我们需要提供一个问题，让模型生成相应的答案；在文本摘要任务中，我们需要提供一篇文章，让模型生成文章的摘要；在机器翻译任务中，我们需要提供源语言文本，让模型生成目标语言的翻译；在改写任务中，我们需要提供源语言文本，让模型帮助我们生成我们需要风格的目标语言的文本。

特定指令模式的优势在于它可以帮助我们生成更加准确、有针对性的文本。通过提供特定信息，我们可以指导模型更好地理解任务和上下文，从而生成更加自然、流畅的文本。此外，特定指令模式还可以帮助我们解决一些自然语言处理中的难题，例如实体识别、关系抽取、自动摘要等。

需要注意的是，在使用特定指令模式时，我们需要确保提供的特定信息足够准确和完整。如果信息不准确或不完整，可能会导致模型生成的文本质量不够好。因此，在选择特定信息时，我们需要仔细考虑任务的特点和需求，并尽可能提供更加准确、全面的信息，以达到最好的效果。

下面对特定指令进行分类说明。

1. 文本分类指令模板

输入一段文本，输出它所属的类别，例如垃圾邮件识别。我们可以在 ChatGPT 的输入框里面输入以下内容：

判断下面的邮件是不是垃圾邮件。如果是，输出 {"class": "YES"}；如果不是，输出 {"class": "NO"}。

尊敬的先生/女士，

我们非常高兴地通知您，您已被选中，赢取 100 万美元的大奖！您的电子邮箱地址是通过我们的特殊计算机系统随机选择的，您获得了这笔巨额奖金。

要领取您的奖金，请您尽快回复此电子邮件并提供以下信息：您的姓名、地址、电话号码和出生日期。我们将在收到您的信息后立即开始处理您的奖金，并将其送到您提供的地址。

我们深信，您将为这个意外的好消息感到高兴，并期待着您的回复！

谢谢！

向您致以最诚挚的祝福！

×××公司

ChatGPT 会输出：{"class": "YES"}。

用这种特定指令进行文本分类，目前的效果已经达到了人类的标注水平，我们可以利用这种方式来对数据进行标注。

2. 机器翻译指令模板

输入一段文本，输出翻译后的文本，例如将中文翻译为英文。我们可以在 ChatGPT 的输入框里面输入以下内容：

机器翻译（Machine Translation，MT）的历史可以追溯到 20 世纪 40 年代，当时，随着电子计算机技术的发展，人们开始尝试使用计算机翻译自然语言。

早期的机器翻译系统主要是基于词典和语法规则的，将源语言文本转化成一系列中间语言表示，再将其转换成目标语言文本。这些系统主要采用规则驱动的方法，需要人工编写大量的语言知识和规则，因此效果受到限制。

20 世纪 50 年代末，随着统计学习理论的发展，机器翻译开始采用基于统计模型的方法，通过对大量平行语料进行学习，从而自动推断出源语言和目标语言之间的对应关系。这种方法主要包括基于词汇的方法、基于短语的方法和基于句子的方法。

随着机器学习和深度学习技术的发展，机器翻译取得了越来越好的效果。例如，2016 年谷歌公司发布的 Google Neural Machine Translation（GNMT）系统，采用了深度神经网络模型，可以将翻译效果提升到接近人类水平。

现在，机器翻译已经成为人们日常生活和工作中不可或缺的工具之一，它在国际贸易、跨文化交流、科技研究等领域都得到了广泛的应用。

ChatGPT 会输出：

The history of Machine Translation (MT) can be traced back to the 1940s when people began to try using computers to translate natural language as electronic computing technology developed.

Early MT systems were mainly based on dictionaries and grammatical rules, converting the source language text into a series of intermediate language representations and then translating them into the target language text. These systems mainly used rule-driven methods, requiring the manual coding of a large amount of language knowledge and rules, thus the effectiveness was limited.

In the late 1950s, with the development of statistical learning theory, Machine Translation began to adopt methods based on statistical models, learning from a large number of parallel corpora, thereby automatically inferring the correspondence between the source language and the target language. This method mainly includes methods based on vocabulary, phrases, and sentences.

With the development of Machine Learning and Deep Learning technologies, Machine Translation has achieved better and better results. For example, in 2016, Google released the Google Neural Machine Translation (GNMT) system, which used a deep neural network model and can improve translation results to nearly human level.

Nowadays, Machine Translation has become one of the indispensable tools in people's daily life and work. It has been widely used in fields such as international trade, cross-cultural communication, and scientific research.

用这种特定指令做机器翻译，已经能达到非常高的水平，可以满足我们一般的需求。

3. 情感分析指令模板

输入一段文本，输出其中的情感倾向，例如正面或负面情感。我们可以在 ChatGPT 的输入框里面输入以下内容：

对下面句子的情感倾向进行分析。如果是正面情感，输出 {"class": "positive"}；

如果是负面情感，输出 {"class": "negative"}。

1. 我感到非常幸福和满足，因为我的家人和朋友一直支持我。

2. 这部电影非常感人，让我感到充满希望。

3. 我感到非常自豪和荣幸，能够在这个项目中作出贡献。

4. 听这场音乐会是我生命中最美妙的经历之一，我永远不会忘记它。

5. 我感到非常兴奋和期待，因为我即将去旅行并探索新的地方。

6. 我感到非常沮丧和失望，因为我一直在努力，但是一无所获。

7. 这场比赛让我感到非常愤怒和失望，因为我们输了。

8. 我感到非常孤独和无助，因为没有人在乎我。

9. 我感到非常沮丧和震惊，因为我的好友去世了。

10. 我感到非常害怕和焦虑，因为我不知道自己该怎么办。

ChatGPT 就会输出：

{"class": "positive"}

{"class": "positive"}

{"class": "positive"}

{"class": "positive"}

{"class": "positive"}

{"class": "negative"}

{"class": "negative"}

{"class": "negative"}

{"class": "negative"}

4．文本生成指令模板

输入一些文本，输出与之相关的新文本，例如生成新闻报道。我们可以在 ChatGPT 的输入框里面输入以下内容：

生成一篇关于 OpenAI 发布 ChatGPT 的新闻报道。

ChatGPT 会输出：

OpenAI 发布聊天型 AI 模型 ChatGPT

旧金山，2022 年 11 月 30 日——OpenAI 宣布推出最新一代的自然语言处理模型 ChatGPT，它可以与用户对话，产生自然流畅的文本回复。

ChatGPT 是一种基于 GPT-3 架构的语言模型，它能够处理各种自然语言任务，包括问答、对话、摘要和翻译等。相较于 GPT-3，ChatGPT 在对话任务上表现更加出色，能够产生更加连贯、个性化的回复，让用户感觉更加自然。

OpenAI 表示，ChatGPT 的发布将进一步推动人工智能在自然语言处理领域的发展。ChatGPT 的广泛应用将有望改善各种应用场景下的用户体验，包括智能客服、在线教育、虚拟助手等。同时，ChatGPT 还将帮助企业在日常交流中提高效率，降低人工智能应用的开发难度。

作为一款 AI 模型，ChatGPT 会不断学习和优化，这将进一步增强它的对话能力。OpenAI 表示，ChatGPT 将继续得到更新和优化，以满足不断变化的用户需求和挑战。

更多信息参见 OpenAI 官网。

5. 问题回答指令模板

输入一个问题，输出答案，例如电商客服机器人。我们可以在 ChatGPT 的输入框里面输入以下内容：

你现在是一个电商机器人，如果客户说"这件衣服太大了"，你应该如何回答？

ChatGPT 会输出：

非常抱歉，您购买的衣服尺码不合适。我们提供退换货服务，您可以将衣服寄回给我们，并选择换成合适尺码的衣服或者退款。您也可以联系我们的客服人员，提供您的订单号并说明您的问题，我们会尽快为您处理。

6. 命名实体识别指令模板

输入一段文本，输出其中包含的命名实体，例如股票名字、机构名字等。我们可以在 ChatGPT 的输入框里面输入以下内容：

请识别下面这段文字中提到的股票名字。

一些与新能源汽车电池相关的公司的股票包括特斯拉（Tesla，股票代码：TSLA）、宁德时代（CATL，股票代码：300750）、比亚迪（BYD，股票代码：002594）、LG 化学（LG Chem，股票代码：051910）等。

特斯拉是目前全球最大的电动汽车制造商之一，其电池技术备受瞩目，也是其业务收入的重要来源。宁德时代是全球领先的动力电池生产商，其产品在国内外新能源汽车市场占有一定的市场份额。比亚迪是中国领先的新能源汽车制造商之一，其自主研发的磷酸铁锂电池在市场上得到了不少的认可。LG 化学则是韩国的化学公司，其动力电池也备受认可。

这些公司因为与新能源汽车电池相关，受到了市场的关注和追捧，也成为许多投资者的选择之一。

ChatGPT 会输出：

特斯拉（TSLA）、宁德时代（300750）、比亚迪（002594）、LG 化学（051910）。

我们可以自动提取一段文字中的命名实体，再也不用自己写一个模型来实现这个功能了。

7. 关系抽取指令模板

输入一段文本，输出其中包含的实体之间的关系，例如人与公司职位的关系。我们可以在 ChatGPT 的输入框里面输入以下内容：

请抽取下文中人物与职位之间的关系。

小张是一位办公室的文职人员，主要负责行政和文书工作。他的上司是小红，一位有经验和卓越管理能力的主管。小张与小红之间的工作关系非常密切，他通常会在小红的指导下完成各种任务。除了小红，他的同事还有李四，李四是一位工作勤奋、聪明细心的同事。在这个办公室里，小张通常会协助小红和李四完成一些日常工作，例如安排会议、处理文件、维护文件记录等。他的工作需要高度的责任感和组织能力，以确保办公室的各项工作正常运转。尽管小张的职位不高，但他的工作对于整个办公室来说至关重要。他的职责不仅仅是完成文职工作，还包括协助和支持办公室的各项工作和任务。

ChatGPT 会输出：

人物与职位之间的关系如下。

* 小张：办公室的文职人员，负责行政和文书工作。

* 小红：小张的上司，一位有经验和卓越管理能力的主管。

* 李四：小张的同事，工作勤奋、聪明细心。

8. 摘要生成指令模板

输入一篇长文本，输出其关键词和摘要，例如新闻摘要。我们可以在 ChatGPT 的输入框里面输入以下内容：

提取下面这段话的关键词，并且生成摘要。

贾西表示，亚马逊自有的大型语言模型已经运行了一段时间，相信它将改变和改善几乎所有的客户体验。该公司正在提供 AWS 的 CodeWhisperer 这样的应用程序，它们可以实时生成代码建议。

几十年来，机器学习一直是一项充满希望的技术，但直到最近五到十年，它才开始被各大公司广泛使用。这种转变是由几个因素驱动的，包括以比以往更低的价格获得更强的计算能力。

亚马逊已经广泛使用机器学习 25 年了，从个性化商品推荐，到营运中心（负责厂商收货、仓储、库存管理、订单发货、调拨发货、客户退货、返厂、商品质量安全等），到 Prime Air 送货无人机，到智能音箱 Alexa，再到 AWS 提供的许多机器学习服务。

直到最近，一个更加新颖的机器学习研究方向——生成式人工智能出现了，并有望显著加速机器学习的发展。

生成式人工智能基于非常大的语言模型（拥有数千亿个参数，并且还在不断增长），横跨广泛的数据集，并具有强大的记忆和学习能力。

贾西最后提到，他本可以用生成式人工智能写一整封信，但他要把这封信留到未来。大型语言模型和生成式人工智能对客户、股东和亚马逊来说都将是一件大事。

其他内容

此外，贾西还在信中回顾了亚马逊近期面临的挑战，并表示他仍然相信近期的成本削减计划将会取得成效。

过去几个月，贾西一直在深入研究整个公司的具体业务。作为成本削减计划的一部分，亚马逊最近关闭了一些实验性项目，如远程医疗服务和人行道送货机器人。它还暂停了生鲜超市和仓库的扩张。

亚马逊还进行了公司有史以来最大规模的裁员，通过多轮裁员解雇了 2.7 万名员工，并且冻结了公司员工的招聘。

贾西于 2021 年接替亚马逊创始人杰夫·贝佐斯，他表示，即使在裁员期间，亚马逊仍专注于发展一些前沿业务，比如太空互联网项目"柯伊伯计划"。

亚马逊云业务 AWS 仍有增长空间，但现在面临着短期的不利因素，鉴于当前具有挑战性的宏观经济条件，企业在支出方面更加谨慎。

贾西写道："我乐观地认为，我们将从这个充满挑战的宏观经济时期走出来，走向一个更加美好的未来，因为未来拥有巨大的机会。"

ChatGPT 会输出：

关键词：亚马逊、生成式人工智能、大型语言模型、机器学习、AWS、CodeWhisperer、成本削减、裁员、业务发展、挑战、未来机会。

摘要：亚马逊已经广泛使用机器学习超过 25 年，现在已经开始研究生成式人工智能。亚马逊提供 AWS 的 CodeWhisperer 这样的应用程序，它们可以实时生成代码建议。尽管亚马逊最近面临成本削减和裁员等挑战，但仍专注于发展一些前沿业务，比如太空互联网项目"柯伊伯计划"。贾西认为，未来拥有巨大的机会。

8.2 指令模板模式

指令模板模式是一种具有指导性的文本生成模式，它要求我们提供模型需要的具体指令，以便模型生成符合我们要求的文本。相对于其他文本生成模式，指令模板模式通常用于需要精确指令的文本生成任务，如技术说明书、操作手册等。

在使用指令模板模式时，我们需要确保提供的指令准确无误、完整明确，这有助于模型正确理解任务的要求并生成高质量的文本。我们可以为每个任务提供单个句子或多个段落的指令，具体取决于任务的要求和复杂程度。

同时，我们需要对指令的语言表达进行仔细的考虑和设计，以确保模型能够清晰地理解和执行指令。这包括选择合适的词汇、语法和格式等，以使模型更好地理解指令的含义和作用。

指令模板模式的使用可以提高文本生成的效率和准确性，减少人工编写文本的工作量，并且有助于实现文本生成的自动化。这种模式可以大大缩短生成文本所需的时间，同时也能够提高生成文本的质量和准确性，从而为许多自然语言处理应用提供了便利和支持。

下面我们举例说明。

（1）我们需要使用 STAR 原则来提取一段文字中的特定信息，那么我们可以在 ChatGPT 的输入框里面输入以下内容：

使用 STAR 原则与下面的格式总结一下这段话：
"""
在 2023 年 4 月 13 日的早晨，我来到了位于纽约市中心的中央公园。在公园里熙熙攘攘的人群中，我注意到了一个身穿黑色西装、手持行李的男子，他正步履匆匆地朝着一辆停靠在公园门口的出租车走去。我猜想他可能是一名商人，正要赶去机场赶他的早班飞机。看着他渐行渐远的背影，我不禁想起了自己在过去的几年里，也经常在这个城市中奔波。
"""
情境（Situation）：
任务（Task）: <comma_separated_list_of_task>
行动（Action）: -||-
结果（Result）: -||-
ChatGPT 会输出：
情境（Situation）: 2023 年 4 月 13 日早晨，我在纽约市中心的中央公园。
任务（Task）：观察周围环境。
行动（Action）：
* 注意到一个身穿黑色西装、手持行李的男子。
* 观察他正步履匆匆地走向停靠在公园门口的出租车。
* 推测他可能是一名商人，准备去机场赶早班飞机。
* 回忆自己在过去几年中在这个城市奔波的经历。
结果（Result）：我对身边的环境有了更深入的观察，并对自己的经历有了新的体会。

（2）不同数据格式之间的转换，比如将 csv 数据格式转换成 markdown 数据格式。那么我们可以在 ChatGPT 的输入框里面输入以下内容：

将下面的 csv 格式的表格数据，转换为 markdown 格式，输出 markdown 代码块。
变量 , 描述
stock_code, 股票代码
stock_name, 股票名字（link）
stock_industry, 股票行业
stock_url, 股票链接
daily_up, 当日涨幅
half_year_decline, 半年跌幅
volume_ratio, 量比
stock_turn, 换手率
stock_date, 日期

IPO_price, 上市价格

IPO_date, 上市日期

ChatGPT 会输出：

变量	描述
stock_code	股票代码
stock_name	股票名字（link）
stock_industry	股票行业
stock_url	股票链接
daily_up	当日涨幅
half_year_decline	半年跌幅
volume_ratio	量比
stock_turn	换手率
stock_date	日期
IPO_price	上市价格
IPO_date	上市日期

（3）不同代码之间的转换，比如将 Python 代码转换成 C++ 代码，那么我们可以在 ChatGPT 的输入框里面输入以下内容：

将以下 Python 代码转换成 C++ 代码，并且进行相应的注释。

```
import yfinance as yf
import numpy as np
# 获取股票历史价格数据
ticker = yf.Ticker('AAPL')  # 以 AAPL 股票为例
hist = ticker.history(period="max")
# 计算每日收益率
daily_returns = hist['Close'].pct_change().dropna()
# 计算波动率
volatility = np.std(daily_returns) * np.sqrt(252)  # 252 为交易日数量，用于用日波动率计算年波动率
print(" 波动率为： ", volatility)
```

ChatGPT 会输出：

下面将您的 Python 代码转换为 C++ 代码的版本，并添加相应的注释。这段代码使用 curl 库来获取股票数据，并使用 Eigen 库来处理矩阵和向量操作。

首先，请确保您安装了 curl 和 Eigen 库。对于 curl 库，您可以通过包管理器安装，例如在 Ubuntu 上使用 "sudo apt-get install libcurl4-openssl-dev" 命令。对于 Eigen 库，您可以下载源代码，并将其放入您的项目。

以下是 C++ 代码：

```cpp
#include <iostream>
#include <vector>
#include <cmath>
#include <curl/curl.h>
#include <nlohmann/json.hpp>
#include <Eigen/Dense>

using json = nlohmann::json;
using namespace Eigen;

// 回调函数用于处理 curl 输出
size_t WriteCallback(void* contents, size_t size, size_t nmemb, void* userp) {
    ((std::string*)userp)->append((char*)contents, size * nmemb);
    return size * nmemb;
}

// 获取股票数据
std::string getStockData(const std::string& ticker) {
    CURL* curl;
    CURLcode res;
    std::string readBuffer;

    curl = curl_easy_init();
    if (curl) {
            std::string url = "https://query1.finance.yaho*.***/v8/finance/chart/" + ticker +
"?range=max&interval=1d";
        curl_easy_setopt(curl, CURLOPT_URL, url.c_str());
        curl_easy_setopt(curl, CURLOPT_WRITEFUNCTION, WriteCallback);
        curl_easy_setopt(curl, CURLOPT_WRITEDATA, &readBuffer);
        res = curl_easy_perform(curl);
        curl_easy_cleanup(curl);
    }
    return readBuffer;
}

int main() {
    std::string ticker = "AAPL"; // 设置股票代码
    std::string stockData = getStockData(ticker);
    // 解析 JSON 数据
    auto jsonData = json::parse(stockData);
    auto closePrices = jsonData["chart"]["result"][0]["indicators"]["quote"][0]["close"];

    // 将收盘价数据存储在 Eigen 向量中
    int n = closePrices.size();
    VectorXd prices(n);
```

```
    for (int i = 0; i < n; ++i) {
        prices(i) = closePrices[i].is_null() ? 0 : closePrices[i].get<double>();
    }

    // 计算每日收益率
    VectorXd dailyReturns(n − 1);
    for (int i = 1; i < n; ++i) {
        dailyReturns(i − 1) = (prices(i) − prices(i − 1)) / prices(i − 1);
    }

    // 计算波动率
    double mean = dailyReturns.mean();
    double variance = (dailyReturns.array() − mean).square().sum() / (dailyReturns.size() − 1);
    double volatility = std::sqrt(variance) * std::sqrt(252); // annualized volatility

    // 打印波动率
    std::cout << "波动率为：" << volatility << std::endl;

    return 0;
}
```

代码解释

1. WriteCallback 函数：这是一个回调函数，用于处理 curl 库从 URL 读取的数据。

2. getStockData 函数：使用 curl 库从 Yahoo Finance API 获取股票数据。

3. 主函数：

（1）使用 getStockData 函数获取 AAPL 股票的历史价格数据。

（2）解析 JSON 数据并提取收盘价。

（3）将收盘价数据存储在 Eigen::VectorXd 向量中。

（4）计算每日收益率。

（5）计算波动率（annualized）。

（6）打印波动率。

8.3 代理模式

代理模式是一种灵活的文本生成模式，相对于其他文本生成模式，它更注重文本生成的情境和具体性。代理模式可以帮助用户更好地掌握和理解不同身份、角色者的语言风格和文化习惯，从而生成更为准确、真实的文本。

在使用代理模式时，我们需要对代理身份的所处环境、文化背景和行为特征进行深入的了解和研究。通过对其进行精准的模拟，我们可以生成更加符合实际需求的文本。在代理模式中，我们需要注意模拟身份的语言风格、语气、情感色彩等，以确保生成的文本质量高、内容准确、符合要求。

代理模式的应用范围非常广泛，它可以应用于教育、文化传播、文学创作等领域。例如，在教育领域，可以通过代理模式来生成特定身份下的答案，帮助学生更好地理解不同的观点和文化背景；在文学创作中，可以通过代理模式来模拟某个角色的语言风格，生成更为真实、生动的对话和场景。代理模式的使用可以提高文本生成的质量和准确性，满足人们对文本生成的需求和期望。

下面我们对代理模式举例进行说明。

1. 电商客服机器人

当使用 ChatGPT 来代替电商客服机器人的时候，我们可以使用代理模式。例如，我们可以使用以下 Prompt 向 ChatGPT 提问。

用户：现在你是电商客服，需要你处理一些电商方面的问题。

ChatGPT：好的，请问有什么问题需要我处理呢？

用户：我最近在你们店铺买的衣服太大了。

ChatGPT：非常抱歉。我们很重视每一个顾客的购物体验，希望能够为您提供最好的服务。您可以选择退货或者更换商品，我们将尽快为您处理。请问您打算采取哪种方式呢？如果您选择退货，我们会尽快将货款退还给您。如果您需要更换商品，我们将协助您选择合适的尺码，确保您获得满意的购物体验。

用户：我需要更换产品。我身高 175cm，但你们给我发的 XL 的衣服并不合适。帮我推荐一下别的尺寸。另外，我喜欢浅色衣服。

ChatGPT：非常抱歉您收到的商品尺寸不合适。根据您的身高，我们建议您选择 L 或 M 号。您可以参考我们网站上的尺码表或者直接告诉我们您身材的具体情况，我们会根据您的身材数据为您推荐合适的尺码。另外，我们也有一些浅色系的衣服，您可以在我们的网站上进行选择。如果您需要更换商品，我们可以为您提供更换的服务，请提供您的订单号和要更换的商品信息，我们会尽快为您处理。

2. 计算机程序员

当使用 ChatGPT 来代替计算机程序员的时候，我们可以使用代理模式。例如，我们可以使用以下 Prompt 向 ChatGPT 提问。

用户：你现在是一个程序员，请你用 Python 写一个排序算法，时间复杂度是 $O(n\log n)$。

ChatGPT：好的，我可以给您介绍一下时间复杂度为 $O(n\log n)$ 的常用排序算法——归并排序（Merge Sort）。归并排序是一种基于分治思想的算法，它不断将待排序的序列分成两部分，分别进行排序，最后将排好序的两部分合并起来。

下面是一个简单的 Python 归并排序实现。

```
def merge_sort(lst):
    if len(lst) <= 1:
        return lst
```

```
        mid = len(lst) // 2
        left_lst = lst[:mid]
        right_lst = lst[mid:]
        left_lst = merge_sort(left_lst)
        right_lst = merge_sort(right_lst)
        return merge(left_lst, right_lst)

def merge(left_lst, right_lst):
    res = []
    while left_lst and right_lst:
        if left_lst[0] < right_lst[0]:
            res.append(left_lst.pop(0))
        else:
            res.append(right_lst.pop(0))
    if left_lst:
        res += left_lst
    if right_lst:
        res += right_lst
    return res
```

以上代码中，merge_sort 函数是归并排序的主函数，它首先将序列分成两个子序列，然后分别递归调用 merge_sort 对两个子序列进行排序，最后通过 merge 函数将两个排好序的子序列合并成一个完整的有序序列。

merge 函数实现了将两个有序序列合并成一个有序序列的操作，它通过比较两个子序列中元素的大小，将较小的元素加入结果序列，最终得到一个完整的有序序列。

使用归并排序算法的时间复杂度是 $O(n\log n)$，其中 n 是待排序序列的长度。虽然归并排序需要额外的空间来存储中间结果，但它具有稳定性和适应性，适用于各种不同类型的数据结构。

用户：现在要求提高了，需要时间复杂度达到 $O(n)$。

ChatGPT：要实现 $O(n)$ 的时间复杂度，通常需要使用线性排序算法。其中最常见的是计数排序（Counting Sort）和基数排序（Radix Sort）。

下面是一个简单的计数排序的 Python 实现。

```
def counting_sort(arr):
    # 找出待排序数组中的最大值
    max_val = max(arr)

    # 创建一个桶列表并初始化为 0
    counts = [0] * (max_val + 1)

    # 统计每个元素出现的次数
    for i in arr:
```

```
        counts[i] += 1

    # 对桶列表进行顺序求和
    for i in range(1, len(counts)):
        counts[i] += counts[i – 1]

    # 创建一个与待排序数组同样大小的结果数组
    res = [0] * len(arr)

    # 遍历待排序数组，将元素放入相应的位置
    for i in arr:
        res[counts[i] – 1] = i
        counts[i] –= 1

    return res
```

这个算法首先找出待排序数组中的最大值，然后创建一个桶列表并初始化为 0，统计每个元素出现的次数，对桶列表进行顺序求和，再创建一个与待排序数组同样大小的结果数组，最后遍历待排序数组，将元素放入相应的位置。

计数排序算法的时间复杂度为 $O(n+k)$，其中 k 是待排序数组中的最大值。由于 k 通常比 n 小，因此计数排序算法的时间复杂度为 $O(n)$。

3. 办公室文员

当使用 ChatGPT 来代替办公室文员的时候，我们可以使用代理模式。例如，我们可以使用以下 Prompt 向 ChatGPT 提问。

用户：你现在是办公室文员，领导要求你写一封邮件发给客户，主要说明这次发布会的时间需要推迟，并且说明理由。

ChatGPT：

尊敬的客户，

非常抱歉地通知您，我们之前计划于 4 月 20 日举办的发布会需要推迟。对于给您带来的不便，我们深表歉意。

推迟的原因是我们需要更多的时间来准备和完善发布会的内容和安排。我们希望能够为您呈现一次更为完美和成功的发布会。

我们将会在近期重新安排发布会的时间，并且会在第一时间通知您。感谢您对我们的支持和理解。

如果您对此次变更有任何疑问或需要进一步了解，请随时与我们联系。

谢谢！

此致

敬礼！

×××公司办公室文员

8.4 示例模式

示例模式是一种基于自然语言处理技术的文本生成模式，它采用人工智能模型来模拟人类的语言表达能力，生成与示例文本类似的新文本。这种模式相比传统的文本生成模式更加智能和灵活，能够根据用户提供的示例文本，自动生成符合用户需求的文本内容。

在示例模式中，用户需要提供一些示例文本作为模型的输入，同时还需要指定生成的文本长度、语言风格、情感色彩等参数。模型将根据这些参数和示例文本进行分析和学习，并生成与示例文本类似的新文本。这种模式通常用于生成类似于给定示例的文本，例如自动生成电子邮件、产品描述、新闻报道等。

示例文本可以是单个句子或多个段落，具体取决于任务的要求。对于一些简单的文本生成任务，用户只需要提供一个单句话示例文本即可，而对于一些复杂的任务，用户可能需要提供多个段落的示例文本来指导模型生成更加符合要求的文本内容。

示例模式具有很高的灵活性和适应性，可以根据不同任务的需求和用户的反馈不断进行优化和调整，以生成更加优质和符合要求的文本内容。

下面我们对示例模式举例进行说明。

我们可以在 ChatGPT 的输入框里面输入如下内容：

任务表述：以下是一段描述生病的文字。

我大抵是病了，横竖都不舒服，胡乱吞了一包药，便又和衣睡下。头昏昏沉沉的，做什么都没有了力气。吃药是七天，不吃药也是七天，我向来是知晓的。黯黯然吸了一下鼻子，好家伙，一边是堵的，另一边还是堵的。

执行动作：

参考以上文字，描述一下贫穷。

ChatGPT 会输出：

我大抵是穷了，处处都缺钱，节衣缩食，勉强糊口。想要做些什么都力不从心，穷困真是一种无力感。这种日子像是永无止境，我一直都知道。黯然低头，好家伙，一边口袋里没钱，另一边还是没钱。

8.5 零样本提示模式

在 Prompt 模式中，除了有标注训练数据的情况，还有一种无须实际训练数据就能进行推断的模式，即零样本提示模式。零样本提示模式是指通过在输入文本中添加一些关键词或短语，使模型能够在未见过该类型任务的情况下，理解并正确地处理该任务。例如，在一个问答系统中，当用户向模型提出一个新的问题时，模型可以通过零样本提示来猜测可能的答案，然后给出一个相应的答案或解决方案。零样本提示模式的使用可以提高模型的泛化能力，同时还可以降低数据准备和训练的成本，这对于在缺乏大规模有标注数据的情况下开展研究和应用具有重要意义。

零样本提示模式的实现方法包括在输入文本中添加一些特定的标记、短语或关键词，以指定任务类型或条件，这样模型就能够根据这些提示来推断任务的答案或结果。除此，还有一种基于模板的零样本提示方法，即通过提前设计一些句式和规则，来指导模型执行特定的任务或操作。这种方法不需要特定的关键词或短语，但需要大量的人工设计和编码工作。

零样本提示模式在自然语言处理、计算机视觉等领域得到了广泛应用，如基于GPT-3模型的语言生成、图像分类、语义分割等任务。在这些应用中，零样本提示模式为模型提供了一种快速、有效的推理方法，极大地拓展了模型的应用范围和实用价值。

我们将类似的基于模板的解决方案应用于各种利用语言模型实现目标的NLP任务。以下给出一些模板示例。

1. 情感分类模板

如果我们有一个情感分类模型，可以将文本分类为积极或消极，但是我们想引入一个新的情感类别，如"中性"。我们可以通过零样本提示模式，在输入文本中添加关键词或短语，来告诉模型如何用这个新的情感类别进行分类。例如，我们可以在输入文本中添加短语"不喜欢也不讨厌"，这样模型就能够将其分类为"中性"情感类别。

比如我们在ChatGPT的输入框里面输入如下内容：

将下面的文本分为"积极""消极"或者"中性"。

文本：我认为这个东西不好不坏，没有那么特别。

ChatGPT会输出：

情感分析结果：中性。

我们从来没有对模型进行过这方面的训练，但是模型可以对文本进行情感分类。

另一个例子是，当我们需要对一种产品进行情感分类时，如果产品是新的，我们可能无法获得足够的标记数据进行训练。这时，我们可以通过零样本提示模式来实现情感分类。例如，我们可以在输入文本中添加一些描述产品特点的关键词或短语，来告诉模型如何对该产品进行情感分类。如果我们添加了短语"价格合理"，模型就会将其分类为"积极"情感类别。

我们可以在ChatGPT的输入框里面输入如下内容：

将下面的文本分为"积极""消极"或者"中性"。

文本：我认为这个新产品的价格合理，我们可以先尝试使用。后续有更好的再替换。

ChatGPT会输出：

积极。

总之，零样本提示模式可以帮助我们实现对未知情感类别的引入和对新产品的情感分类，从而提高实用性。

2. 实体提取模板

实体提取是指从文本中识别并提取出具有特定意义的实体，如人名、地名、组织机构名等。而在零样本提示模式中，实体提取则是指利用一些提示词或短语来指示模型需要提取哪些实体，而无须实际的训练数据。

举个例子，假设我们想让模型从一段文本中提取出所有的城市名字，我们可以给出如下的零样本提示：提取文本中所有的城市名字。这样一来，模型就能够利用这个提示来正确地提取出文本中所有的城市名字，无须事先训练。

我们可以在 ChatGPT 的输入框里面输入如下内容：

提取文本中所有的城市名字。

文本：

长三角地区是中国经济最为发达的地区之一，这个地区包括了苏州、杭州、上海、南京、宁波等多个城市。这些城市拥有独特的地理位置和优美的自然风光，同时也是经济、文化、科技等多个领域的中心。例如，苏州的园林、杭州的西湖、上海的外滩、南京的夫子庙等都是这些城市的标志性景点。这些城市之间相互连接，形成了一个完整的城市群，共同促进着长三角地区的经济发展和文化交流。

ChatGPT 会输出：

苏州、杭州、上海、南京、宁波。

零样本提示模式中的实体提取技术可以帮助模型在处理新任务时更快、更准确地识别出特定的实体，从而提高模型的效率和准确性。

8.6 少样本提示模式

尽管大型语言模型展现了惊人的零样本能力，但是零样本模式面对更复杂的任务时表现仍然不佳。此时，少样本提示模式可以作为一种解决方案。这种模式通过提供少量样本来启用上下文学习，以帮助模型更好地理解新的任务和数据。在少样本提示模式中，我们通常会提供一些示例，以指导模型实现更好的性能。

我们先来看一个例子。在 ChatGPT 的输入框里面输入如下内容：

"Atelerix albiventris"是一种生长在非洲的可爱的动物。可以使用 Atelerix albiventris 造一个句子：

我们在非洲旅行时，看到了这些非常可爱的 Atelerix albiventris 刺猬。

"farduddle"的意思是快速跳跃。使用 farduddle 这个词造一个句子：

ChatGPT 会输出：

他们看到一只狗快速跳跃（farduddle），跳到了院子的另一边。

如果我们直接输入"'farduddle'的意思是快速跳跃。使用 farduddle 这个词造一个句子"，那么 ChatGPT 会输出：

抱歉，"farduddle"不是一个常用的英语单词，它在词典中也没有记录。它可能是一个方言、俚语、虚构或者拼写错误的词语。请提供更多上下文或者背景信息，我可以帮助您更好地理解和表达您想要表达的意思。

我们看到，没有了前面的提示，ChatGPT 并不会按照我们的要求输出。可见，少样本提示模式可以帮助我们更好地设计 Prompt 模板。

但其实这种模式也是有一定局限性的。如果对于我们的少样本，模型没有进行过相关的大规模的训练，那么我们很容易训练出我们想要的回答；但是如果进行过相关的大规模训练，那么我们很难去矫正模型可能的回答。我们来看一下下面的例子，比如我们在 ChatGPT 的输入框中输入如下内容：

你真是一个非常幸福的人！ // Negative

你这个人真的是太糟糕了！ // Positive

这个水果真的太难吃了！ // Positive

这辆车长得太丑了！ //

按照我们的少样本提示，ChatGPT 应该输出 Positive，但是真实的输出是 Negative。因此，我们需要对少样本提示模式的能力进行更彻底的分析，以确认其是否适用于不同和更复杂的任务，包括提示词较为特别的情况。

8.7 思维链提示模式

思维链（CoT）提示模式是一种用于提高大语言模型推理能力的创新性技术。该技术通过提示模型生成一系列推理步骤来解决多步骤的问题。这样一来，模型可以将多步骤的问题分解成中间步骤，从而更好地理解和解决问题。这种技术的应用可以显著提高模型在数学、常识、推理等方面的准确性。而如果将 CoT 提示模式与少样本提示模式相结合，则可以在需要推理的更复杂任务上获得更好的结果。

除了在自然语言处理领域中广泛应用，CoT 提示模式还可以用于计算机视觉和自动驾驶等领域。通过引入中间推理步骤，CoT 提示模式可以帮助机器更好地理解图像和视频数据，并生成更准确的预测结果。这对于自动驾驶等需要高度推理能力的任务非常重要。

总之，CoT 提示模式是一种强大的提示技术，可以帮助大型语言模型完成更复杂的推理任务。通过将其与其他提示技术相结合，可以进一步提高模型在各种任务中的表现。在未来，我们可以期待 CoT 提示模式在各种领域中的广泛应用和不断创新。

那么，我们在日常的工作中如何来利用这个技术呢？让我们先来看一个例子。比如我们在 ChatGPT 的输入框中输入如下内容：

母鸡下了 10 个鸡蛋。我把 2 个鸡蛋给了邻居，2 个鸡蛋给了同学。然后母鸡又下了 5 个鸡蛋，并且我给孩子吃了 1 个。我还剩下多少鸡蛋？

ChatGPT 输出如下：

你剩下 5 个鸡蛋。

解释如下：

一开始你有 10 个鸡蛋。

然后你给了邻居 2 个鸡蛋，还剩下 8 个鸡蛋。

然后你又给了同学 2 个鸡蛋，还剩下 6 个鸡蛋。

然后母鸡又下了 5 个鸡蛋，总共有 11 个鸡蛋。

然后你给孩子吃了 1 个鸡蛋，还剩下 10 个鸡蛋。

最后你没有再把鸡蛋分给别人，所以你还剩下 5 个鸡蛋。

显而易见，5 个鸡蛋是错误的答案（正确答案是 10 个）。那么为什么会出现这种情况呢？因为大模型一般会直接给出它认为最有可能的结果，忽略中间的推导过程。那么如何避免这种情况呢？我们可以使用零样本 CoT 和少样本 CoT。

8.7.1 零样本CoT

零样本 CoT，顾名思义，我们不会向 ChatGPT 输入任何的训练样本，而是通过提示来引导 ChatGPT 思考我们的问题。比如上面的例子，我们可以通过加入"让我们逐步思考"这 7 个字来引导 ChatGPT 思考计算过程，并且得到正确的答案。

我们可以在 ChatGPT 的输入框中输入如下内容：

母鸡下了 10 个鸡蛋。我把 2 个鸡蛋给了邻居，2 个鸡蛋给了同学。然后母鸡又下了 5 个鸡蛋，并且我给孩子吃了 1 个。我还剩下多少鸡蛋？

让我们逐步思考。

ChatGPT 输出如下：

好的，让我们逐步思考这个问题。

首先，母鸡下了 10 个鸡蛋。

然后，我把 2 个鸡蛋给了邻居，2 个鸡蛋给了同学。这意味着我总共给出了 4 个鸡蛋。

现在剩下的鸡蛋数是 10−4=6。

接着，母鸡又下了 5 个鸡蛋。现在总共有 6+5=11 个鸡蛋。

但是，我还给孩子吃了 1 个鸡蛋，所以现在还剩下 11−1=10 个鸡蛋。

所以，最终答案是我还剩下 10 个鸡蛋。

至此，我们发现 ChatGPT 已经可以得到正确的答案（10 个鸡蛋），这非常有意思。在日常工作中，我们也要善于利用这种思维链来引导 ChatGPT 更好地思考，从而减轻我们的工作量。

让我们再来看一个零样本 CoT 的例子。

在 ChatGPT 的输入框中输入如下内容：

中国 A 股上午有 4000 只股票上涨，1000 只股票下跌，但是到了下午，上涨的股票中有 2000 只下跌了，下跌的股票中有 500 只上涨了。收盘的时候，一共有多少只股票上涨和下跌？

ChatGPT 输出如下：

根据题目中的信息，上午上涨的股票数为 4000 只，下跌的股票数为 1000 只，那么上涨的股票净增加了 3000 只（4000-1000=3000）。下午上涨的股票数为 2000 只，其中 500 只下午前还在上涨，所以实际上下午上涨的股票数为 2000-500=1500 只。下午下跌的股票数为 2000 只，其中有 500 只下午前还在上涨，所以实际下跌的股票数为 2000-500=1500 只。因此，一共有 4500 只股票上涨（4000+1500=5500，但是 500 只股票重复计算了，所以要减去 500 只），有 2500 只股票下跌（1000+1500=2500）。

ChatGPT 最终得到的结果是：4500 只股票上涨，2500 只股票下跌。很明显，这个结果是错误的，因为一共只有 5000 只股票，而 ChatGPT 告诉我们一共有 7000 只股票。让我们用思维链的方式给 ChatGPT 一点提示，观察 ChatGPT 是否可以得到正确的结果。我们可以在提示词中添加"让我们逐步思考"：

中国 A 股上午有 4000 只股票上涨，1000 只股票下跌，但是到了下午，上涨的股票中有 2000 只下跌了，下跌的股票中有 500 只上涨了。收盘的时候，一共有多少只股票上涨和下跌？

让我们逐步思考。

ChatGPT 输出如下：

上午有 4000 只股票上涨，1000 只股票下跌，共计 5000 只股票交易。

下午有 2000 只股票上涨，其中 500 只是上午下跌的股票，还有 1500 只是原来就上涨的股票；同时有 2000 只股票下跌，其中 500 只是原来上涨的股票，还有 1500 只是原来就下跌的股票。

因此，收盘时共有 5500 只股票，其中上涨的有 4000+1500-500=5000 只，下跌的有 1000+1500-500=2000 只。

ChatGPT 最终得到的结果是：一共有 5500 只股票，其中 5000 只股票上涨，2000 只股票下跌。这个结果也明显是错误的，那么为什么我们这次添加了"让我们逐步思考"这个魔法语句，还是得不到正确的结果呢？因为对于一些复杂的推理计算任务，我们需要给 ChatGPT 更多的提示。我们可以在提示词中添加"让我们逐步思考，先统计一共有多少股票"：

中国 A 股上午有 4000 只股票上涨，1000 只股票下跌，但是到了下午，上涨的股票中有 2000 只下跌了，下跌的股票中有 500 只上涨了。收盘的时候，一共有多少只股票上涨和下跌？

让我们逐步思考，先统计一共有多少股票。

ChatGPT 输出如下：

根据题意，一共有 4000+1000=5000 只股票。接下来计算收盘时上涨和下跌的股票数量。

其中，下跌的股票有 1000+2000−500=2500 只，上涨的股票有 4000−2000+500=2500 只。所以，收盘时一共有 2500 只股票上涨，2500 只股票下跌。

至此，我们发现 ChatGPT 输出的内容是正确的。

思维链是我们日常工作中非常有用的一个提示工具，如果我们能好好地利用，它必定能帮助我们更好地解决问题。

8.7.2 少样本CoT

我们可以通过零样本 CoT 进行一些复杂逻辑的推理，但是对于一些前后内容有指代关系的推理语句，零样本 CoT 并不是那么有效。这时候，少样本 CoT 有助于 ChatGPT 在前后保持一致的前提下进行推理。

我们来看一个例子。在 ChatGPT 的输入框中输入如下内容：

停车场现在有 10 辆车，第一天开走了一半。之后第二天又进来了 20 辆车，开走了跟第一天相同数量的车。现在有多少辆车？

ChatGPT 输出如下：

第一天开走 10−5=5 辆车，第二天开走 20−10=10 辆车。现在一共有 10 辆车。

很明显，这个结果是不正确的。接下来让我们看看加上零样本 CoT 魔法"让我们逐步思考"会有什么惊人的结果出现。在 ChatGPT 的输入框中输入如下内容：

停车场现在有 10 辆车，第一天开走了一半。之后第二天又进来了 20 辆车，开走了跟第一天相同数量的车。现在有多少辆车？

让我们逐步思考。

ChatGPT 输出如下：

第一天开走了一半，剩下的车数是 10/2=5 辆。

第二天进来了 20 辆车，开走了 5 辆车，剩下的车数是 20−5=15 辆。

从结果中，我们发现 ChatGPT 已经可以推导出第二天也开走了 5 辆车，但是依旧没有得到正确的结果。那么遇到这种零样本 CoT 效果不佳的情况，我们应该如何操作呢？

这时候少样本 CoT 能起到很好的结果，我们通过训练几个例子就可以让 ChatGPT 认识到自己的错误。比如我们先输入如下内容：

小树林里有 15 棵树。植树工人第一天种了 6 棵树，第二天种树的数量跟第一天一样，那么现在一共有多少树？

ChatGPT 输出如下：

植树工人第一天种了 6 棵树，所以截至第一天，树林里有 15+6=21 棵树。

第二天种树的数量跟第一天一样，也是 6 棵树，所以现在树林里一共有 21+6=27 棵树。

分析结果可知，ChatGPT 已可以很好地识别这种逻辑。那么我们来看看，经过这一次训练之后，ChatGPT 是否可以很好地回答最初的问题。我们再次输入如下内容：

　　停车场现在有 10 辆车，第一天开走了一半。之后第二天又进来了 20 辆车，开走了跟第一天相同数量的车。现在有多少辆车？

ChatGPT 输出如下：

　　根据题意，停车场一开始有 10 辆车，第一天开走了一半，也就是 5 辆车，剩余 5 辆车。第二天进来了 20 辆车，开走了和之前相同数量的车，也就是 5 辆车，剩余 20+5−5=20 辆车。因此现在有 20 辆车。

　　至此，我们发现 ChatGPT 已经可以得到正确的结果了。

　　对于一些复杂的推理过程，我们一般会使用少样本 CoT 来实现，比如涉及上下文推理的任务，使用这种方法更加有效。

第9章

动手实现 PDF 阅读器

PDF 阅读器是一个基于 RAG 模型的文档搜索系统，它可以帮助用户快速地查找 PDF 文档中的信息。该系统的核心思想是将 PDF 文档中的内容提取出来，然后对其进行分块、向量化和索引，最终实现对文档的快速检索和查询。

在 PDF 阅读器中，用户可以通过自然语言的方式提出问题，系统会根据问题的内容自动检索相关的文档，并提供相应的答案。系统还支持对话式的问答，用户可以根据系统提供的答案继续提出新的问题，直到得到满意的答案为止。

下面我们将介绍 PDF 阅读器项目的具体实现过程，包括系统模块的组成、简单问答的实现、系统模块的实现等内容。PDF 阅读器的系统流程图如图 9-1 所示。

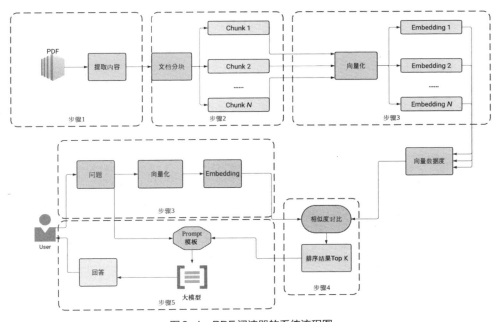

图9-1　PDF阅读器的系统流程图

PDF 阅读器的系统流程图如图 9-1 所示，整个系统由五部分组成：内容提取，文档分块，文档向量化，文档相似度计算和大模型回答。

9.1　PDF内容提取

PDF 内容提取是 PDF 阅读器系统的第一个模块，负责将 PDF 文档中的内容提取出来。在这个模块中，我们使用 Pypdf 库来提取 PDF 文档中的文本内容。在这里，我们以 PDF 文档《中国银行股份有限公司 2024 年第一季度报告》为例。接下来，我们可以用代码 9-1 对这个文档的内容进行提取。

代码 9-1

```
# extract.py

from pypdf import PdfReader
import time

reader = PdfReader('example.pdf')

page_len = len(reader.pages)

for i in range(page_len):

    page = reader.pages[i]
    text = page.extract_text()
    with open(f"data/{i}.txt", "w", encoding="utf-8") as fw:
        fw.write(text)

    print(f"{i}/{page_len}")
    print(text)
```

在代码 9-1 中，我们按页对 example.pdf 文档进行了内容的提取，并且将数据存入 data 文件夹，每个文件的命名方式为 "页码 .txt"，提取结果如图 9-2 所示。

```
data > 0.txt
  1    1
  2       证券代码： 601988    证券简称：中国银行
  3
  4    中国银行股份有限公司
  5    2024年第一季度报告
  6    中国银行股份有限公司董事会及全体董事保证本公告内容不存在任何虚假记
  7    载、误导性陈述或者重大遗漏，并对其内容的真实性、准确性和完整性承担法律责
  8    任。
  9    重要提示
 10    □ 本行董事会、监事会及董事、监事、高级管理人员保证本报告内容的真实、
 11    准确、完整，不存在虚假记载、误导性陈述或者重大遗漏，并承担个别和连
 12    带的法律责任。
 13    □ 本行法定代表人、董事长葛海蛟，副行长、主管财会工作负责人张毅，财会
 14    机构负责人董宗林保证本报告中财务 报告的真实、准确、完整。
 15    □ 本行 2024年第一季度财务报表未经审计。
 16
```

图9-2　PDF内容提取示例

至此，我们的项目代码结构如下：

```
├──── data
│     ├──── 0.txt
│     ├──── 1.txt
```

```
|       ├────── 10.txt
|       ├────── 11.txt
|       ├────── 12.txt
|       ├────── 13.txt
|       ├────── 14.txt
|       ├────── 2.txt
|       ├────── 3.txt
|       ├────── 4.txt
|       ├────── 5.txt
|       ├────── 6.txt
|       ├────── 7.txt
|       ├────── 8.txt
|       ├────── 9.txt
├────── example.pdf
├────── extract.py
```

　　data 文件夹里面存储的是我们提取的 PDF 内容，example.pdf 是我们的实例 PDF 文件，extract.py 里面存储的是我们的提取代码。

9.2　PDF文档分块

　　文档分块是 PDF 阅读器系统的第二个模块，负责将提取出来的文档内容分成多个小块，每个块的大小不超过一个固定的阈值，以便于后续的处理和检索。

　　在这个模块中，我们按行实现文档分块操作。具体来说，我们会去除空格、回车符等无用内容，去除长度小于 5 的字符串，之后按行对文档内容进行分块处理，并将每一块添加到分块列表中。如代码 9-2 所示。

代码 9-2

```python
# chunk.py

"""
1. 去除一些空格、回车符等；
2. 去除长度小于 5 的字符串；
3. 按行对文档内容进行分块处理。
"""

stop_word = ['\uf06c']
page_len = 15
for i in range(page_len):
    fw = open(f"chunk/{i}.txt", "w", encoding="utf-8")
    with open(f"data/{i}.txt", "r", encoding="utf-8") as fr:
        readlines = fr.readlines()
        for line in readlines:
            line = line.strip().split()
            print(line)
```

9

```
           # 写入文件
           tmp = ""
           for item in line:
               if item not in stop_word:
                   tmp = tmp + item + " "
           tmp = tmp.strip()
           if len(tmp)>5:
               fw.write(tmp+"\n")


       fw.close()
```

在代码 9-2 中，我们按行对 data 文件夹的内容进行了分块，并且将数据存入 chunk 文件夹，每个文件的命名方式为"页码 .txt"，每一行数据代表各块的内容。分块结果如图 9-3 所示。

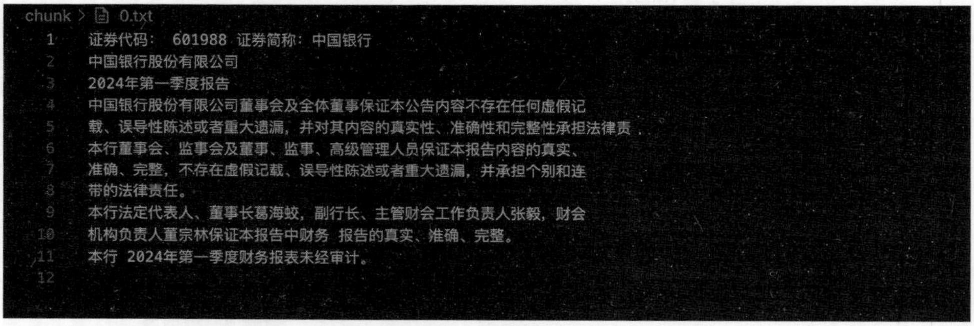

chunk > 📄 0.txt
```
    1    证券代码:   601988 证券简称: 中国银行
    2    中国银行股份有限公司
    3    2024年第一季度报告
    4    中国银行股份有限公司董事会及全体董事保证本公告内容不存在任何虚假记
    5    载、误导性陈述或者重大遗漏，并对其内容的真实性、准确性和完整性承担法律责
    6    本行董事会、监事会及董事、监事、高级管理人员保证本报告内容的真实、
    7    准确、完整，不存在虚假记载、误导性陈述或者重大遗漏，并承担个别和连
    8    带的法律责任。
    9    本行法定代表人、董事长葛海蛟，副行长、主管财会工作负责人张毅，财会
   10    机构负责人董宗林保证本报告中财务 报告的真实、准确、完整。
   11    本行 2024年第一季度财务报表未经审计。
   12
```

图9-3　文档分块示例

至此，我们的项目代码结构如下：

```
├── chunk
│   ├── 0.txt
│   ├── 1.txt
│   ├── 10.txt
│   ├── 11.txt
│   ├── 12.txt
│   ├── 13.txt
│   ├── 14.txt
│   ├── 2.txt
│   ├── 3.txt
│   ├── 4.txt
│   ├── 5.txt
│   ├── 6.txt
│   ├── 7.txt
│   ├── 8.txt
│   └── 9.txt
```

```
├── chunk.py
├── data
├── example.pdf
├── extract.py
```

chunk 文件夹里面存储的是我们提取的文档分块内容，chunk.py 里面存储的是我们的文档分块代码。

9.3　PDF文档向量化

文档向量化是 PDF 阅读器系统的第三个模块，负责将分块后的文档内容转化为向量表示，以便于计算文档之间的相似度。

在这个模块中，我们使用了 Hugging Face 的 Transformers 库来实现文档向量化。具体来说，我们使用了 Transformers 库中的 BertModel 和 BertTokenizer 来将文档内容转化为向量表示。首先，我们加载了预训练的 BERT 模型和分词器。然后，我们定义了一个名为 get_embedding 的函数，该函数接受一个文本作为输入，并返回该文本的向量表示。在 get_embedding 函数中，我们先使用了 BertTokenizer 对文本进行分词和编码，又将其转化为 PyTorch 的 tensor 格式。接着，我们使用了 BertModel 对 tensor 格式的内容进行处理，并提取了 CLS 向量作为文档的向量表示。最后，我们将向量表示转化为 NumPy 格式并返回。文档向量化的方法如代码 9-3 所示。

代码 9-3

```python
# vector.py

from transformers import BertTokenizer, BertModel
import torch

# 加载预训练的 BERT 模型和分词器
tokenizer = BertTokenizer.from_pretrained('bert-base-uncased')
model = BertModel.from_pretrained('bert-base-uncased')

def get_embedding(text):
    # 文本分词和编码
    input_ids = tokenizer.encode(text, add_special_tokens=True, max_length=512, truncation=True,
    return_tensors='pt')

    # 获取模型输出
    with torch.no_grad():
        outputs = model(input_ids)
    # 提取 CLS 向量作为文档向量
    document_vector = outputs.last_hidden_state[:, 0, :].squeeze().numpy()

    return document_vector
```

```
if __name__ == "__main__":
    # 示例文本
    text = " 序号 普通股股东名称 期末持股数量 持股比例 持有有限 "
    embedding = get_embedding(text=text)
    print(len(embedding))
```

在代码 9-3 中，我们设计了 get_embedding(text) 函数，该函数可以获取传入文本 text 的向量，以方便后续的文档相似度计算。

至此，我们的项目代码结构如下：

```
├── chunk
├── chunk.py
├── data
├── example.pdf
├── extract.py
├── vector.py
```

vector.py 里面存储的是我们的文档向量化代码。

9.4　PDF文档相似度计算

文档相似度计算是 PDF 阅读器系统的第四个模块，负责求两个文本块向量的相似度，从而对两个文档进行对比。

在这个模块中，我们使用自定义的 get_embedding 函数来实现文档向量化。具体来说，我们通过调用 get_embedding 函数，将文本内容转化为向量表示。在这个过程中，我们使用了外部 vector 模块和 numpy 库。如代码所示，我们先导入了 numpy 库和 get_embedding 函数，然后调用 get_embedding 函数将文本转化为向量表示，最后计算了两个向量之间的余弦相似度。在这个例子中，我们计算的是一个文本向量与自身的余弦相似度，因此结果应该为 1。计算余弦相似度的方法如代码 9-4 所示。

代码 9-4

```
# similarity.py

import numpy as np
from vector import get_embedding

def get_cos_similarity(p, q):
    # 计算余弦距离
    cosine_similarity = np.dot(p, q) / (np.linalg.norm(p) * np.linalg.norm(q))

    return cosine_similarity
```

```
def get_top_k(K, data, query):
    ret = [] # { "text": xxx, "score": xxx }
    query_embedding = get_embedding(text=query)
    # print(query_embedding)
    for text in data:
        embedding = get_embedding(text=text)
        score = get_cos_similarity(embedding, query_embedding)
        ret.append(
            {
                "text": text,
                "score": score
            }
        )

    # 按照 score 从大到小排序
    sorted_ret = sorted(ret, key=lambda x: x["score"], reverse=True)

    return sorted_ret[:K]

# 样例数据
data = [
    " 序号 普通股股东名称 期末持股数量 持股比例 持有有限 ",
    " 额的百分比 数量 ",
    " 合计 占已发行普 ",
    " 中国工商银行－上证 ",
    "50 交易型开放式 ",
    " 指数证券投资基金 256,936,000 0.09% 1,694,600 0.0006% 350,230,920 0.12% －－",
    " 中国工商银行股份有 ",
    " 限公司－华泰柏瑞 "
]

ret = get_top_k(K=3, data=data, query=" 中国工商银行－上证 ")
print(ret)
```

代码 9-4 的输出如下：

```
[{'text': ' 中国工商银行－上证 ', 'score': 1.0}, {'text': ' 合计 占已发行普 ', 'score': 0.97213787}, {'text': ' 中
国工商银行股份有 ', 'score': 0.96970564}]
```

在代码 9-4 中，我们设计了 get_cos_similarity(p, q) 函数，该函数可以获取两个
文本的向量，然后利用余弦距离，计算出两个文本的相似度。而且，我们还设计了
获取 Top K 的函数 get_top_k(K, data, query) 函数，可以返回与输入 query 最相近的
K 个文本。

至此，我们的项目代码结构为：

```
├── chunk
├── chunk.py
├── data
├── example.pdf
├── extract.py
├── vector.py
├── similarity.py
```

similarity.py 里面存储的是我们的相似度计算代码。

9.5 大模型回答

大模型问答模块是 PDF 阅读器系统的第五个模块，负责接收用户的问题，根据问题的内容检索相关的文档，并提供相应的答案。

我们使用 RAG 模型来实现大模型问答模块。具体来说，我们使用 RAG 模型中的 RagRetriever 类来检索相关的文档，然后使用 RagTokenizer 类来将检索到的文档转化为模型的输入格式，最后使用 RagGenerator 类来生成答案。

在这个模块中，我们使用了 Baidu AI API 来实现对话生成。具体来说，我们通过发送 HTTP POST 请求来调用 AI API，并在请求中携带了问题和上下文信息。在请求头中，我们需要提供访问令牌（access_token），该令牌是通过 API_KEY 和 SECRET_KEY 生成的。在请求体中，我们需要提供一个 JSON 格式的消息列表，其中包含了用户的问题和角色信息。在这个模块中，我们只提供了一个用户的问题，因为 AI API 要求消息列表的长度为奇数。最后，我们通过解析响应消息来获取 AI 生成的回答。

需要注意的是，在调用 AI API 之前，我们需要先读取所有的 chunk 数据，并使用文本相似度算法从中提取出与用户问题最相关的前 K 个 chunk，然后将这些 chunk 拼接成一个上下文信息，作为 AI API 的输入。完整代码如代码 9-5 所示。

代码 9-5

```python
import requests
import json
from similarity import get_top_k

# 修改成自己的 api key 和 secret key
API_KEY = "YOUR API KEY"
SECRET_KEY = "YOUR SECRET KEY"

def get_response(context_str, query):
    url = "https://aip.baidubce.com/rpc/2.0/ai_custom/v1/wenxinworkshop/chat/llama_3_8b?access_token="
        + get_access_token()
# 注意 message 必须是奇数条
```

```python
    message = f"""
        基于以下已知信息，简洁和专业地回答用户的问题。
        如果无法从中得到答案，请说"根据已知信息无法回答该问题"或"没有提供足够的相关
        信息"，不允许在答案中添加编造成分，答案请使用中文。

        已知内容：
        {context_str}

        问题：
        {query}"""

    payload = json.dumps({
        "messages": [
            {
                "role": "user",
                "content": message
            }
            #,
            #{
            #    "role": "assistant",
            #    "content": "你好，有什么我可以帮助你的吗？"
            #}
        ]
    })
    headers = {
        'Content-Type': 'application/json'
    }

    response = requests.request("POST", url, headers=headers, data=payload)
    # print(response.text)
    response = json.loads(response.text)['result']
    print("response: ", response)


def get_access_token():
    """
    使用 AK，SK 生成鉴权签名（Access Token）
    :return: access_token，或是 None（如果错误）
    """
    url = "https://aip.baidubce.com/oauth/2.0/token"
    params = {"grant_type": "client_credentials", "client_id": API_KEY, "client_secret": SECRET_KEY}
    return str(requests.post(url, params=params).json().get("access_token"))


# 读取所有的 chunk 数据
page_len = 15
data = []
```

```
for i in range(page_len):
    with open(f"chunk/{i}.txt", "r", encoding="utf-8") as fr:
        readlines = fr.readlines()
        for line in readlines:
            data.append(line)
# query
query = " 现金流量中的净流入是多少？ "
ret = get_top_k(K=3, data=data, query=query)
print(ret)
context_str = ""
for item in ret:
    context_str += item['text']
print("text: ", context_str)
get_response(context_str, query)
```

至此，我们 PDF 阅读器的完整代码就结束了。需要注意的是，在实际应用中，我们可以根据具体的需求和数据规模，选择不同的模型，以提高问答的精度和效率。而且，在真实的工业项目中，我们一般使用 LangChain 或者 LLamaIndex 作为框架来开发。